利用细菌的作用制作出的东西

利用细菌引起的发酵或细菌本身释放的物质成分，可以做成许多我们身边的物品。

食物或饮料

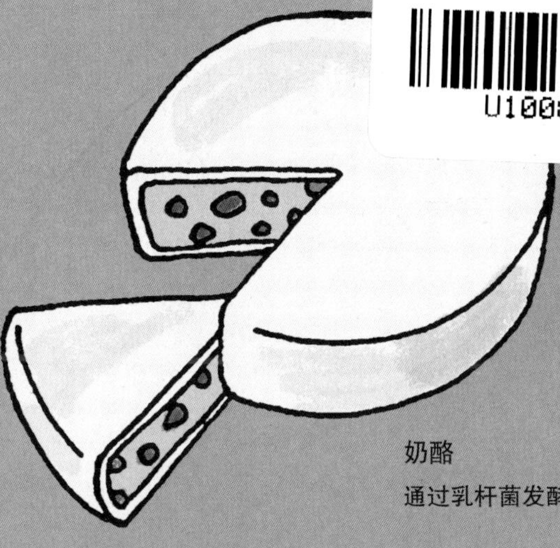

奶酪
通过乳杆菌发酵制成。

酸奶
通过乳杆菌（酪蛋白乳杆菌、嗜酸乳杆菌）发酵制成。

日本清酒 、酱油、味噌
虽然主要是使用酵母和曲霉，但在酿酒时或制作未过滤的酱油和味噌时会添加乳杆菌。

醋
醋酸菌使乙醇或甲醇发酵变成醋。

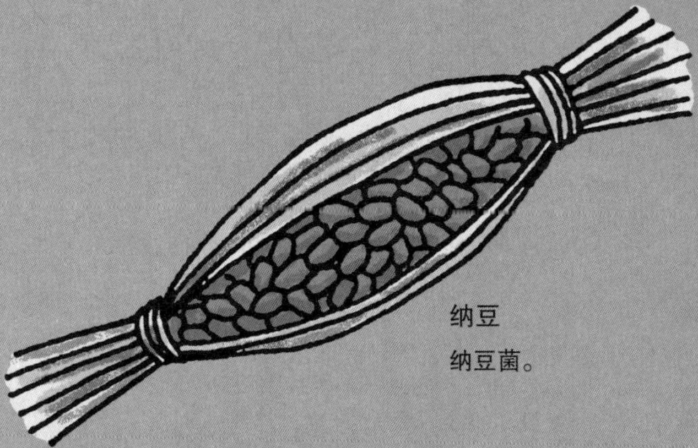

纳豆
纳豆菌。

药品或日用品

抗生素

抑制细菌和真菌等微生物活性的药物。

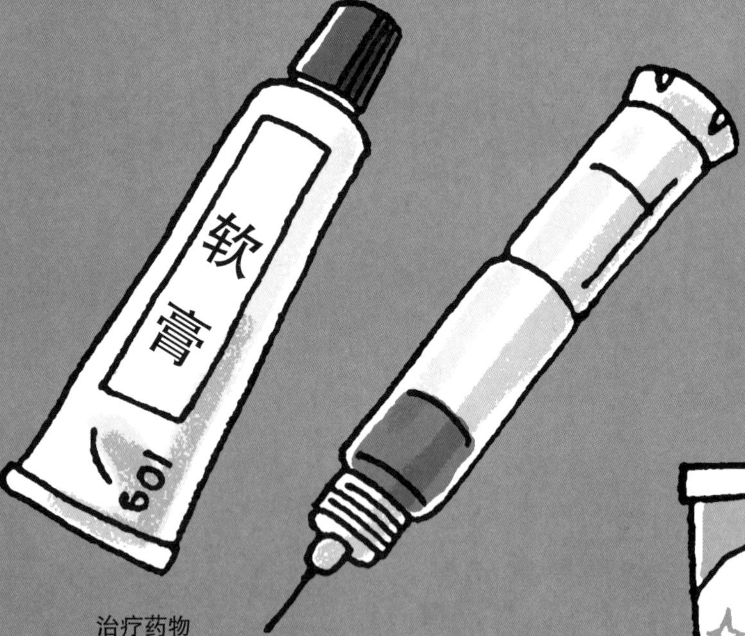

治疗药物

用于制作治疗皮肤病或糖尿病的药物。

日用品

用于制作增发剂或使牙齿增白的牙膏等用品。清洗剂如洗衣粉是利用细菌生成的酶*来分解污渍的。

*酶：生物在进行化学反应时发挥作用的蛋白质。

窥视一下

微生物大图鉴

有好有坏的细菌

[日] 北元宪利 著

吉林出版集团股份有限公司 | 全国百佳图书出版单位

目　录

第1章

了解人与
细菌的关系

人与细菌

第2章

了解细菌
培育与生态

这就是细菌

第3章

介绍对人
有害和无害的细菌

细菌的形态

第3章 细菌的形态 阅读指南

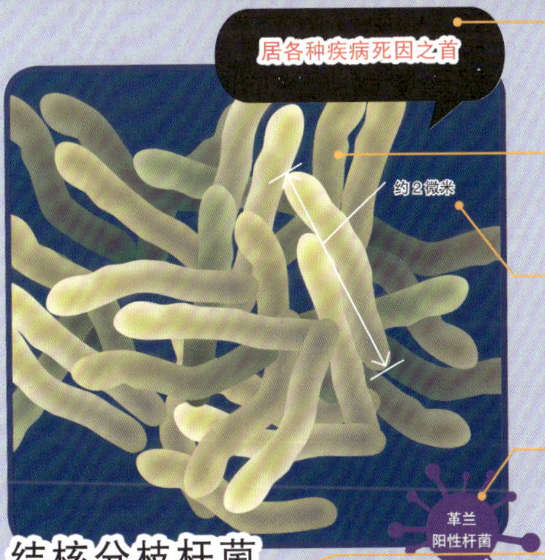

结核分枝杆菌

传播途径 经飞沫传播。

症　状 潜伏期从数月至数年，发病时出现持续数周的发热或咳嗽，恶化后可导致肺结核、肠结核、髓膜炎等疾病。

疫　苗 弱毒活疫苗（BCG疫苗）。

结核分枝杆菌俗称结核杆菌，在1882年被细菌学家罗伯特·科赫发现。2014年，日本结核杆菌携带者人数约10万人，每年新增人数为3万~5万。携带者多为年长者，其中男性人数是女性的2倍。另外，携带者多出现在西日本地区。每年全世界约200万人受到感染，在日本超过2000人死于结核杆菌感染。

黑色表示传染之后有可能致死。

描绘细菌的形态。但细菌的颜色并未被解明，所以插图的颜色只是能靠想象。

表示细菌的平均大小。

病毒的种类。

细菌的名称

细菌的传播途径。

细菌感染所导致的症状。

预防细菌传染可使用的疫苗种类。

细菌的特征、细菌导致的疾病等内容说明。

开篇

细菌小档案

地球上不存在没有细菌的地方

细菌是地球上最早的生物。它们不仅生长在人体、动物、土壤或者水中，甚至地底深处的热水、南极冰层、深度10 000米的海底、高度8000米的大气层*、沙漠等人类不能居住的极端环境也能找到它们的身影。已被世界公认的细菌约7000种，倘若把仍未被人类发现的细菌种类加入，总数可能超过100万种。

本书将要介绍的在我们周围的细菌称为“真细菌”；而生长在不宜人居的极端环境的甲烷菌和超嗜热菌等则称为“古细菌”，和“真细菌”相去甚远。

在众多细菌里，存在可用于药物和治疗、净化环境、能生产等方面对人类有益的“益生菌”。“益生菌”很早就被用于奶酪、酸奶、纳豆等发酵食品的制作。另外，人类和动物的肠道中也有许多细菌，这些细菌抵抗和消灭外来入侵的病原体*，帮助食物消化和营养吸收。不管是人类或动物，如果从肠道中去除了“益生菌”，则会很快感染疾病，甚至死亡。

当然，也存在对人类或动物有害的“致病菌”，也就是造成传染病的各种病菌。

*大气层：包裹着地球的空气部分。

*病原体：致病的细菌或病毒等微生物。

细菌的特征

细菌属于“原核生物”，没有核膜*，基因*本体的核酸里同时存在DNA和RNA*。基本上所有的细菌都可以培养*，抗生素*对其相当有效。另外，细菌的大小大多在0.5~5微米（μm）*之间，是病毒大小的10~100倍。一般情况下可以通过光学显微镜观察，观察其成长过程时则需要使用电子显微镜。

*核膜：包覆在堆叠着DNA的染色体所聚集的核上的膜。

*基因：生物把个体性状遗传给下一代的基本遗传单位。

*DNA和RNA：脱氧核糖核酸DNA和核糖核酸RNA，携带和传递基因的遗传信息。

*培养：对细菌等微生物进行人工培育、增殖的过程。

*抗生素：阻碍细菌之类的微生物自身机能的药物。

*微米（μm）：1微米等于1毫米（mm）的1‰。

生物分类表

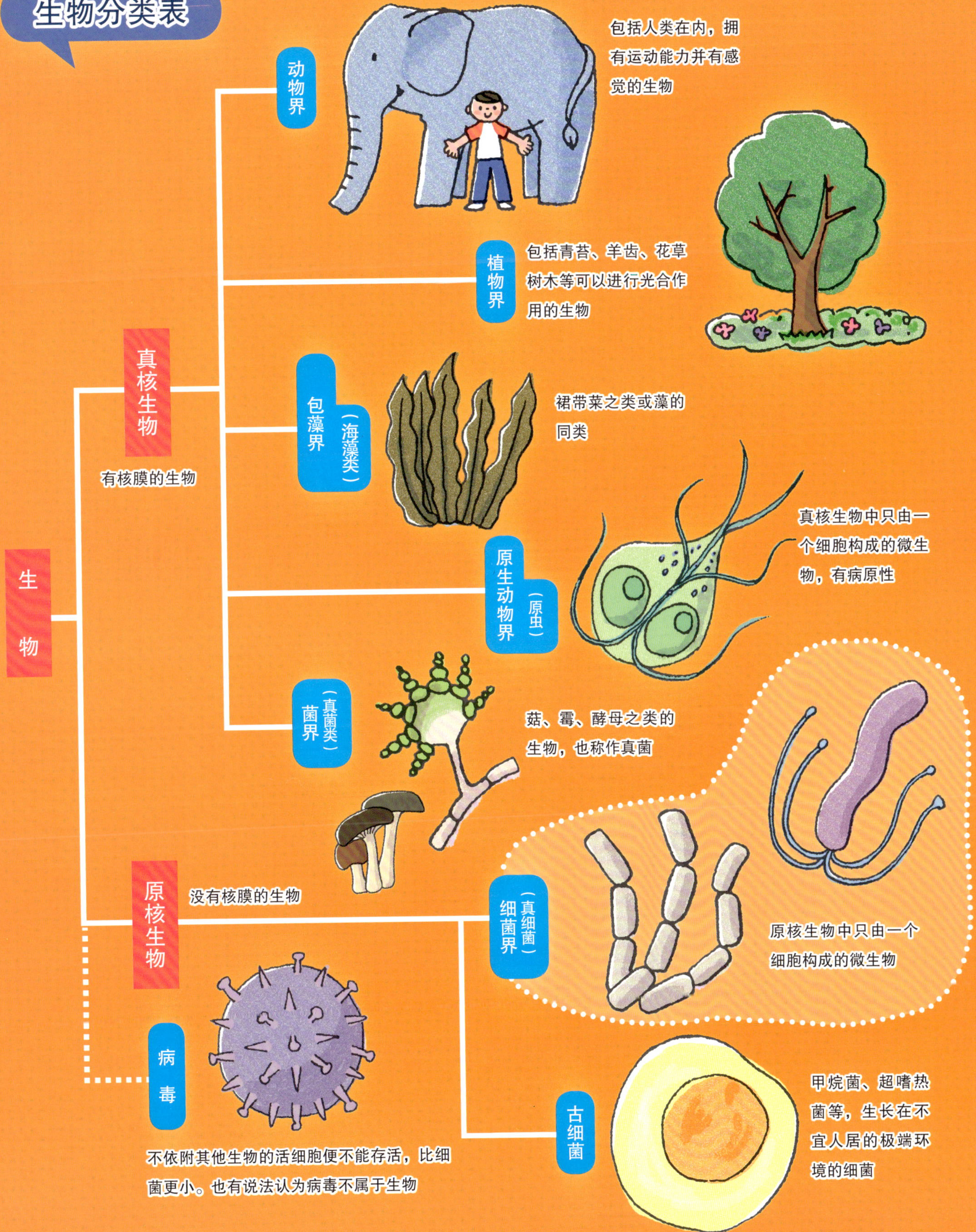

生物
真核生物
有核膜的生物
动物界
包括人类在内，拥有运动能力并有感觉的生物
植物界
包括青苔、羊齿、花草树木等可以进行光合作用的生物
包藻界（海藻类）
裙带菜之类或藻的同类
原生动物界（原虫）
真核生物中只由一个细胞构成的微生物，有病原性
菌界（真菌类）
菇、霉、酵母之类的生物，也称作真菌
原核生物
没有核膜的生物
细菌界（真细菌）
原核生物中只由一个细胞构成的微生物
古细菌
甲烷菌、超嗜热菌等，生长在不宜人居的极端环境的细菌
病毒
不依附其他生物的活细胞便不能存活，比细菌更小。也有说法认为病毒不属于生物

第1章
人与细菌

谁最先发现了微生物？

17世纪，列文虎克通过自己制作的显微镜，发现了许多细小的生物。

列文虎克使用自制的显微镜在观察

细胞和微生物的发现

细菌是地球上最早的生物，据说诞生以来已经经过35亿年。但是，能够用肉眼看见细菌却是在距今仅350年的事。

17世纪，英国的科学家罗伯特·胡克通过组合两片凸透镜，做成了可以放大20~30倍的显微镜。他通过这个显微镜观察软木塞的时候发现了上面的“小房子”，而后将其命名为细胞。

世界上第一个发现微生物的人是荷兰科学家安东尼·范·列文虎克。他因制作了放大倍数为100~300倍的显微镜而闻名世界。

1674年的某一天，他在用显微镜观察池塘的水时，发现了在水中四处游动的微小生物。这便是人类第一次观察到微生物。从那之后，列文虎克通过显微镜发现了更多当时仍未被人类所知的细菌之类的微生物，以及红细胞 等。

红细胞：包含在血液中圆盘形状的细胞，功能是输送氧气。

改变了世界的小生物们

细菌导致的流行性传染病，改变了世界历史。

从莫斯科逃走的拿破仑一世
以及法兰西军队

细菌传染导致鼠疫 (PEST) 和斑疹伤寒的大流行

6世纪，在东罗马帝国大流行的鼠疫就是由鼠疫杆菌所导致的传染病。14世纪，鼠疫在欧洲大陆流行开来，全世界约有8500万人因此丧命。当时鼠疫被称为黑死病，之后在世界范围内又流行过几次。

斑疹伤寒也是由细菌感染导致的传染病。1812年，在法国和俄国的战争中，据说由拿破仑一世率领的法国军队中有许多士兵因感染了斑疹伤寒从俄罗斯战场逃走了。第一次世界大战中，在俄罗斯有3000多万人感染斑疹伤寒，致死人数大约300万，远超过战死人数。《安妮的日记》的作者安妮·弗兰克也是在第二次世界大战时死于斑疹伤寒。

除此之外，由霍乱弧菌引起的霍乱流行、结核杆菌引起的结核病流行等，都曾对世界产生极坏的影响。由细菌感染导致的流行性传染病改变了世界历史。

挽救了众多生命的细菌学家

因发现造成疾病的细菌，众多生命获救。

正在接种 疫苗
左边的是巴斯德

科赫和巴斯德的发现

罗伯特·科赫是最早证明细菌能引起传染病的一位德国细菌学家。这一点也在1876年炭疽菌的研究中被证实了。这个确认某疾病与微生物之间关系的方法被称作“科赫法则”。而后，他发现了结核杆菌、霍乱弧菌，且凭借对结核杆菌的研究荣获诺贝尔奖。现在在理科实验里常用的培养皿，也是在科赫的研究室里发明的。

法国的细菌学者路易·巴斯德，从爱德华·琴

接种：把细菌或病毒、疫苗等植入生物体内。

培养皿：为了人工培育细菌而发明的玻璃制的圆形器皿。

纳发现天花的预防接种中得到灵感，通过弱毒活疫苗的预防接种方法研制了狂犬病疫苗。另外，他还发明了牛奶、啤酒的杀菌方法（低温灭菌法）。后来又发现了酵母能使酒精发酵。1887年建造的巴斯德研究所，因其对微生物和疫苗的研究闻名于世。

科赫和巴斯德一同被称为“细菌学之父”，为此后细菌学研究的进步打下了基础。

研究细菌的日本人

北里柴三郎，因发现鼠疫杆菌而闻名于世。

正在进行细菌研究的北里柴三郎

“日本的细菌学之父”

北里柴三郎于1886年留学德国，在罗伯特·科赫门下开展了细菌研究。1889年，他成功实现了世界首例破伤风菌单独培育，而后，发明了利用血清来治疗破伤风的方法。他发现把稀释过毒素*的细菌注射到动物体内，能使其获得免疫*，治疗用的血清就是从该动物的血液中提取出来的。德国医学者埃米尔·冯·贝林参考北里柴三郎的这项研究，发明了白喉的血清疗法。

*毒素：指从生物的细胞中制取的有毒的蛋白质。

*免疫：生物阻止或驱除想要入侵体内的病原体的机能。

1892年，北里柴三郎发现了流感嗜血杆菌，并在1894年发现了鼠疫杆菌。

北里柴三郎从德国留学归国后，在福泽谕吉的帮助下开设了传染病研究所*，继续把热情投入到细菌研究中。志贺洁在这个传染病研究所里开展研究，在1897年发现了痢疾杆菌。另外，以研究黄热病而闻名的野口英世，也是师从北里研究所。基于他的这些成就，北里柴三郎被称为“日本的细菌学之父”。

*传染病研究所：1892 年创立的日本第一家传染病研究所。而后北里柴三郎创立了北里研究所。

第2章

这就是细菌

细菌的构造

细菌是由单一细胞构成的。

细胞膜

包裹细胞的一层薄膜。它可以只让能成为细胞营养的物质穿透至内侧。

细胞壁

保护细胞的坚实墙壁。革兰氏阳性细菌有一层较厚的外壁，而革兰氏阴性细菌则有三层细胞壁。

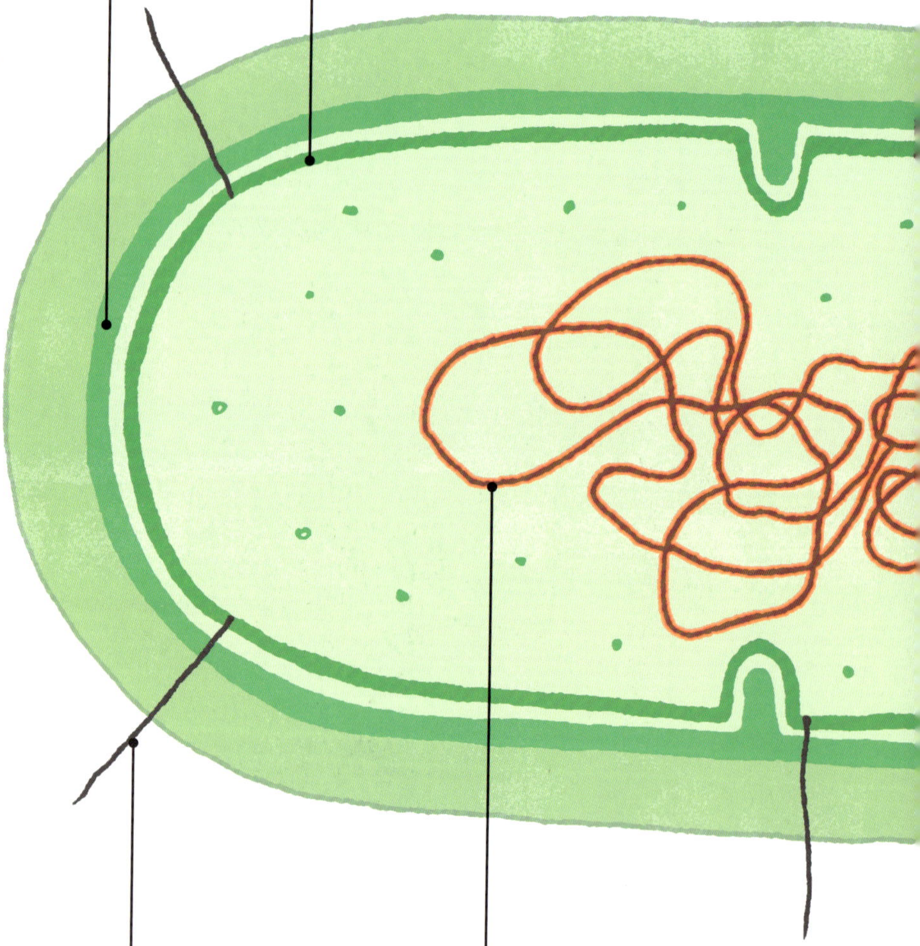

接近植物细胞的构造

细菌是由一个细胞构成的单细胞生物。和离开宿主*就不能生存的病毒不同，细菌可以从外部获取营养，转化为能量来使其存活。

与动物（比如人类）的细胞构造来比较，细菌细胞同样有细胞膜和细胞质，最大的差异是细菌细胞没有核膜，因此细胞质和核的区分并不明显。另外，细菌和植物细胞一样也有细胞壁。

*宿主：无法独立生存的生物为了生存所依附的对象生物。

纤毛

比鞭毛更细、更短、更多。作用是缠住其他细胞，使细菌伙伴们聚在一起。

核

因为细菌没有核膜，所以细胞核没有固定的位置。携带着遗传信息的绳状染色体就是DNA和RNA重叠起来变粗的结果。

细胞质

没有固定的形态，呈胶状*。

*胶状：液体中混有肉眼看不见的细小颗粒的状态。

鞭毛

长约10微米、直径10~30纳米（nm）*、如同尾巴的毛，细胞通过摆动鞭毛进行活动。鞭毛的长度、根数以及生长位置，细胞之间各有差异。

*纳米 (nm)：1 纳米等于 1 微米的 1‰，等于 1 毫米的 1‰。

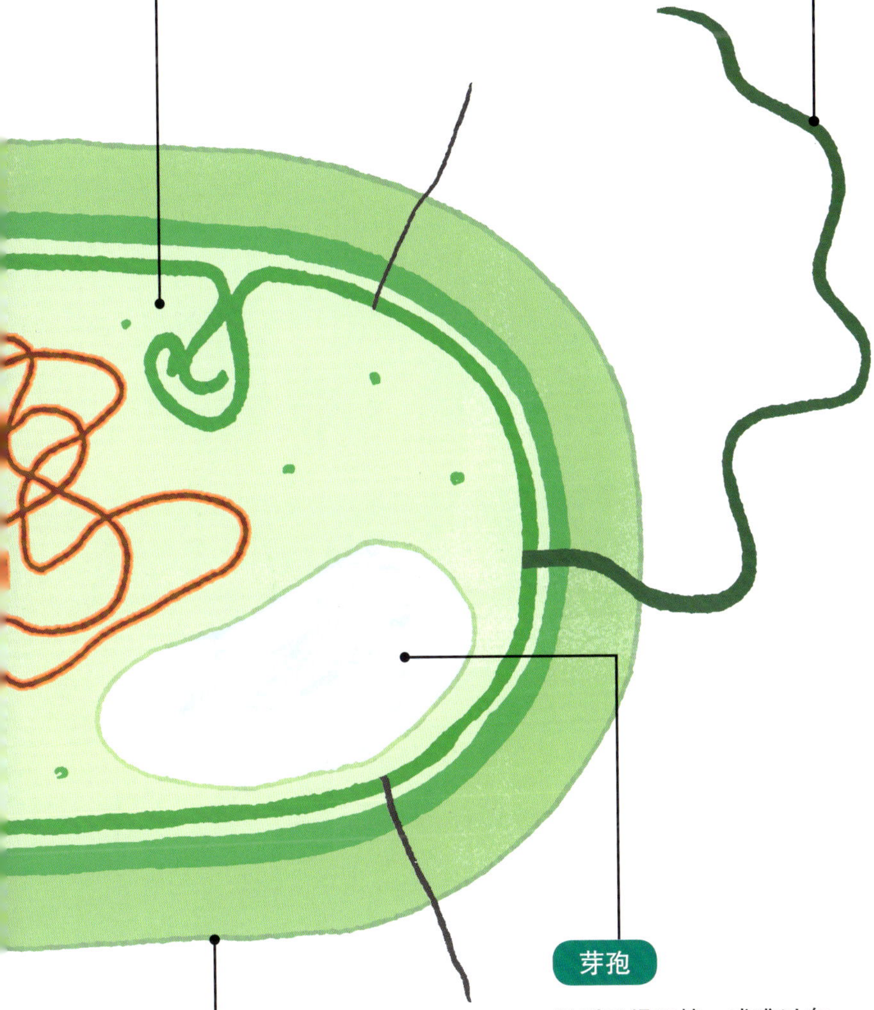

芽孢

遇到干燥环境，或难以存活的环境时出现，可以以沉睡的形式存活数年。出现芽孢时，使细胞更耐热耐毒药，也是导致食物中毒的原因。

荚膜（黏液层）

有些细胞拥有明显的一层厚膜（荚膜），而有些细胞只有一层不太明显的薄膜（黏液层）。当细菌作为病原体入侵人体时，这层膜便会与人体免疫机能对抗。

花样鞭毛

一端单毛

一端单毛：在细菌的一端长出一根鞭毛。如霍乱弧菌。

一端多毛

一端多毛：在细菌的一端长出多根鞭毛。如幽门螺旋菌。

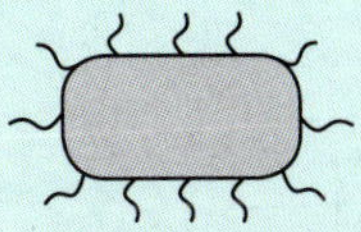

周边多毛

周边多毛：在细胞周围长出多根鞭毛。如伤寒杆杆菌。

花样芽孢

中心型

中心型：芽孢长在细菌本体中心。如枯草杆菌。

不平衡型

不平衡型：芽孢长在细菌内任意位置。如蜡样芽孢杆菌。

极端型

极端型：芽孢长在细菌一端，还可能会膨胀。如破伤风杆菌等。

细菌的分类

细菌种类繁多，有许多分类方法。

滴上可以使细菌染色的药物，然后在光学显微镜下观察。

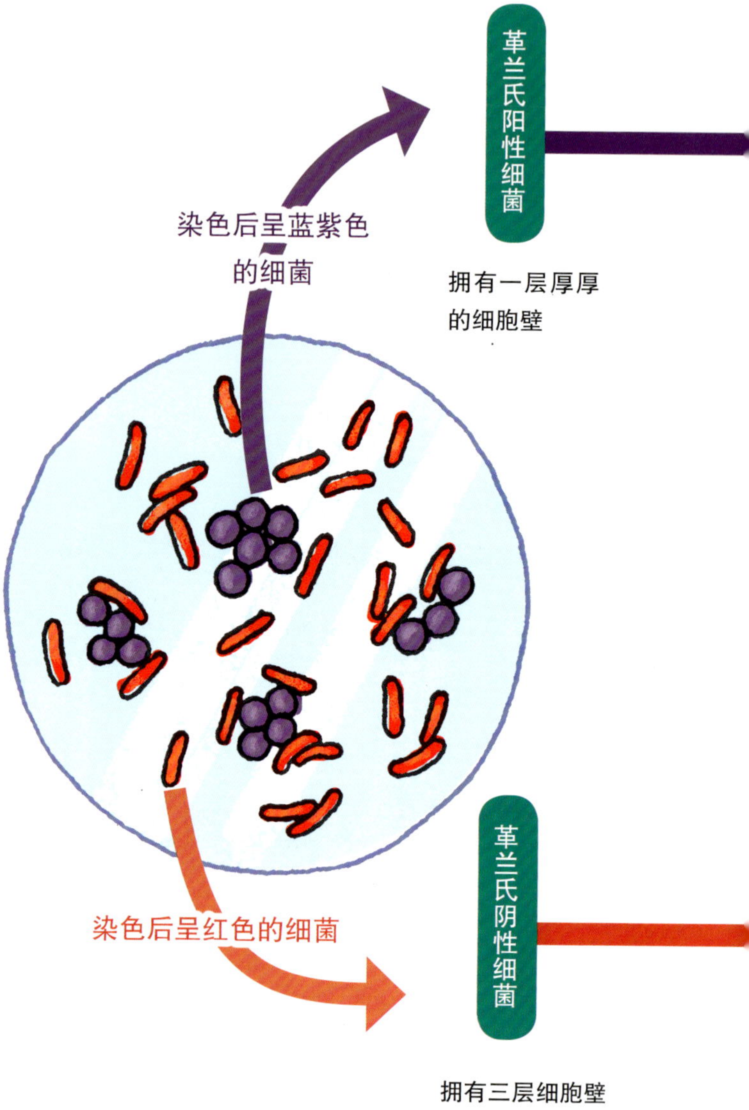

细菌的花样形态

细菌的分类方法大致可以从“染色”和“形状”两个方面区分。

丹麦的细菌学家汉斯·克里斯蒂安·革兰发明的革兰氏染色法，即把细菌染上颜色，然后在光学显微镜下观察。被染成蓝紫色的称为革兰氏阳性细菌，被染成红色的细菌则称为革兰氏阴性细菌。

按照形状分类可分为三种：球形的“球菌”，细长棒形的“杆菌”，细长弯曲的“螺旋菌”。球菌的分布方式和杆菌的长度直径各种各样。

像人类有各自不同的样貌一样，细菌之间也有各种差异。这些差异可以有效地帮助人类区别不同的细菌。

球菌

黄色葡萄球菌

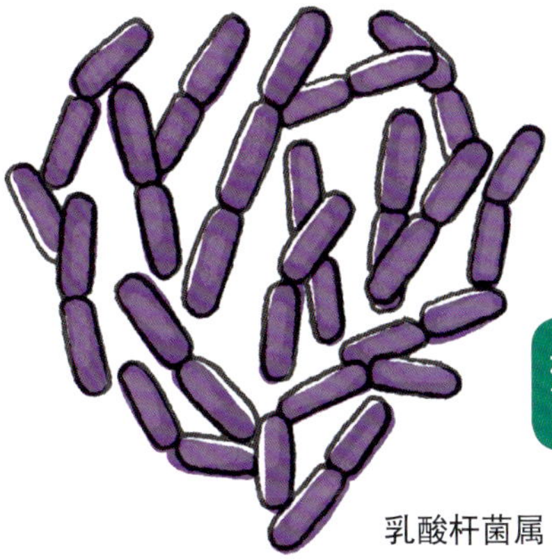

乳酸杆菌属

杆菌

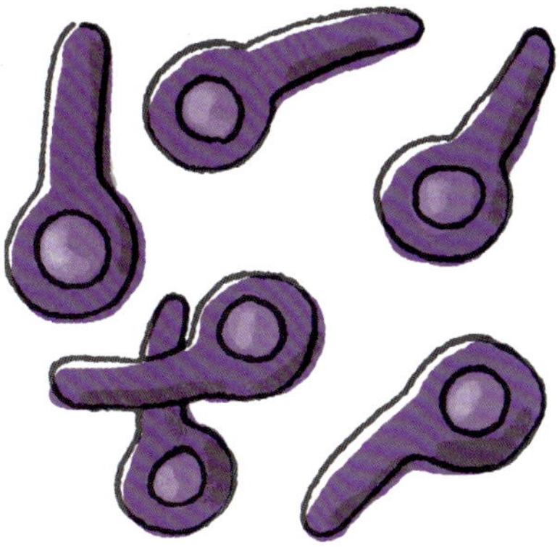

杆菌

破伤风杆菌

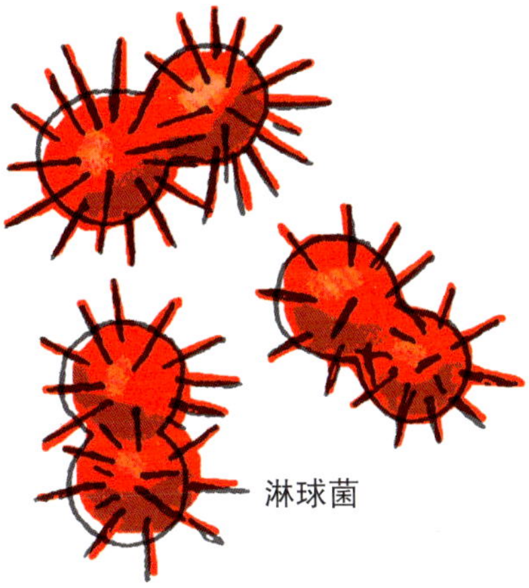

淋球菌

球菌

杆菌

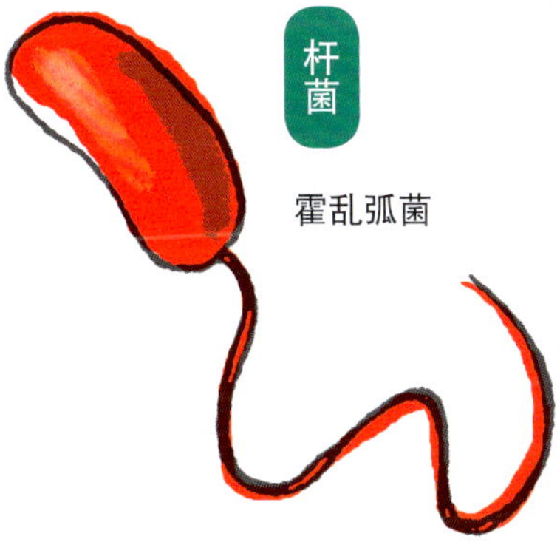

霍乱弧菌

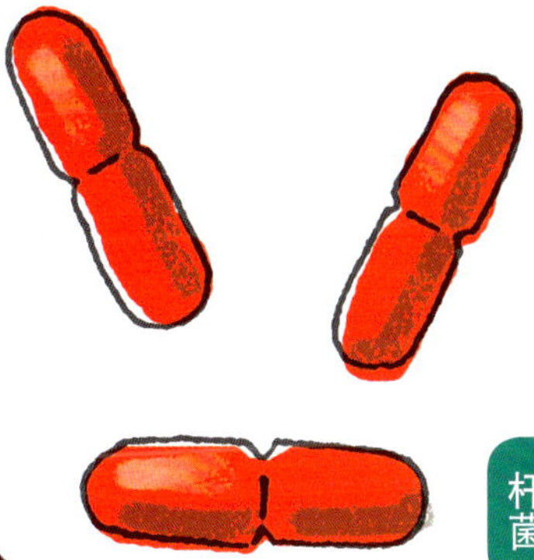

鼠疫杆菌

杆菌

螺旋菌

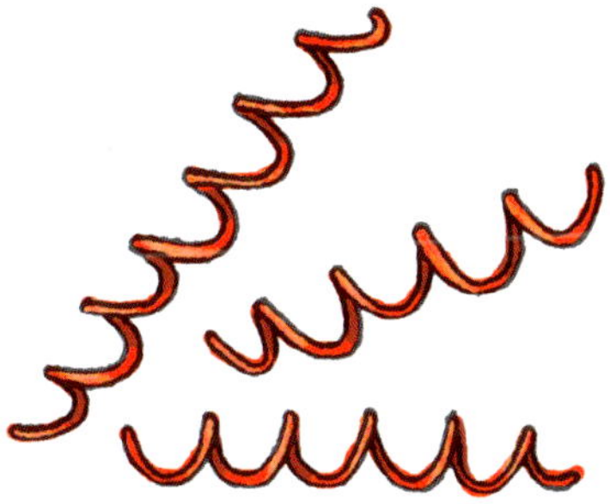

钩端螺旋体属

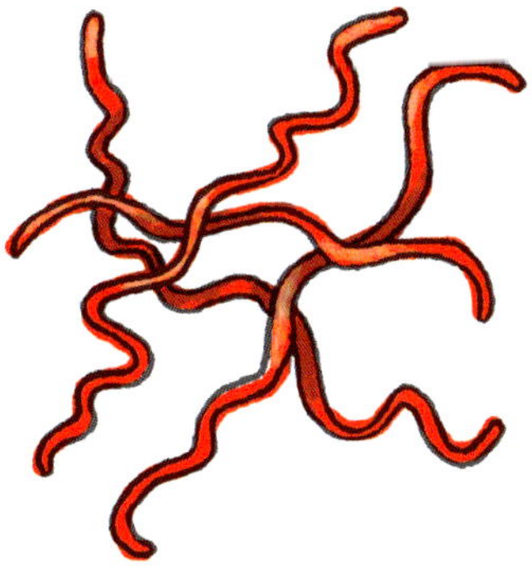

螺旋菌

梅毒螺旋菌

多形性菌

没有固定形态的细菌。包括沙眼衣原体、普氏立克次体菌等

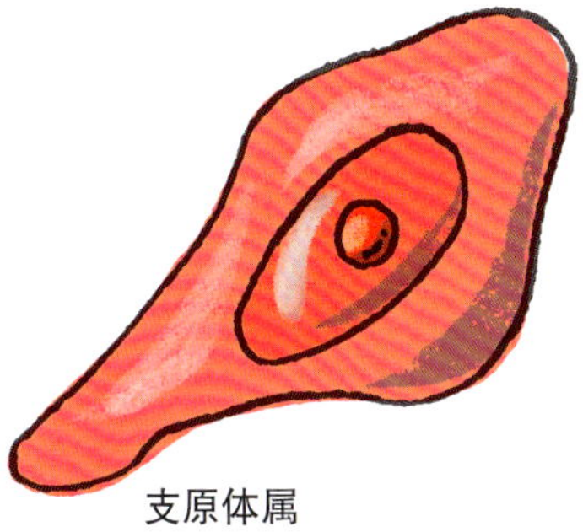

支原体属

细菌的繁殖和培育

细菌通过分裂来实现繁殖。

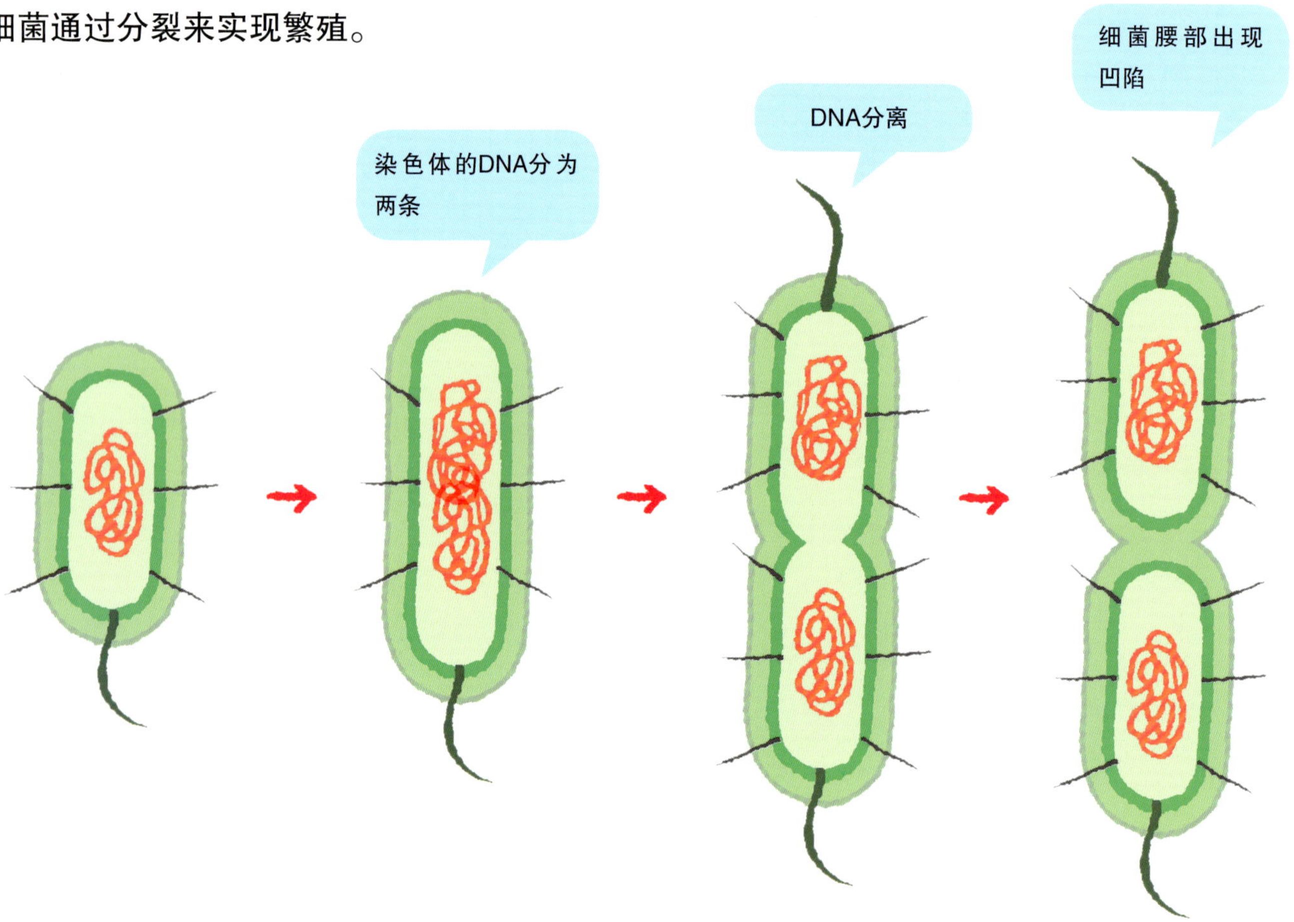

细菌的繁殖方法

细菌一般都是1变2、2变4，成倍地增长。最初染色体中的DNA分为两条，而后两条DNA分离，变成两个相同的染色体，两个染色体之间开始形成细胞壁，细菌便一分为二了。这就是细菌的分裂，通过重复地分裂实现繁殖。

大肠杆菌沙门氏菌属分裂一次需要的时间约20分钟，结核杆菌则需要16小时，因种而异。另外，根据外界环境是否适宜会加快或者减慢分裂时间。

温度是影响分裂环境的重要因素。对大多数细菌来说37℃左右为最佳温度。与人体的正常温度基本相同。此外，与人体血液的盐分浓度相同也对细菌分裂有利，可以说人体内部是细菌增长繁殖的绝佳环境。

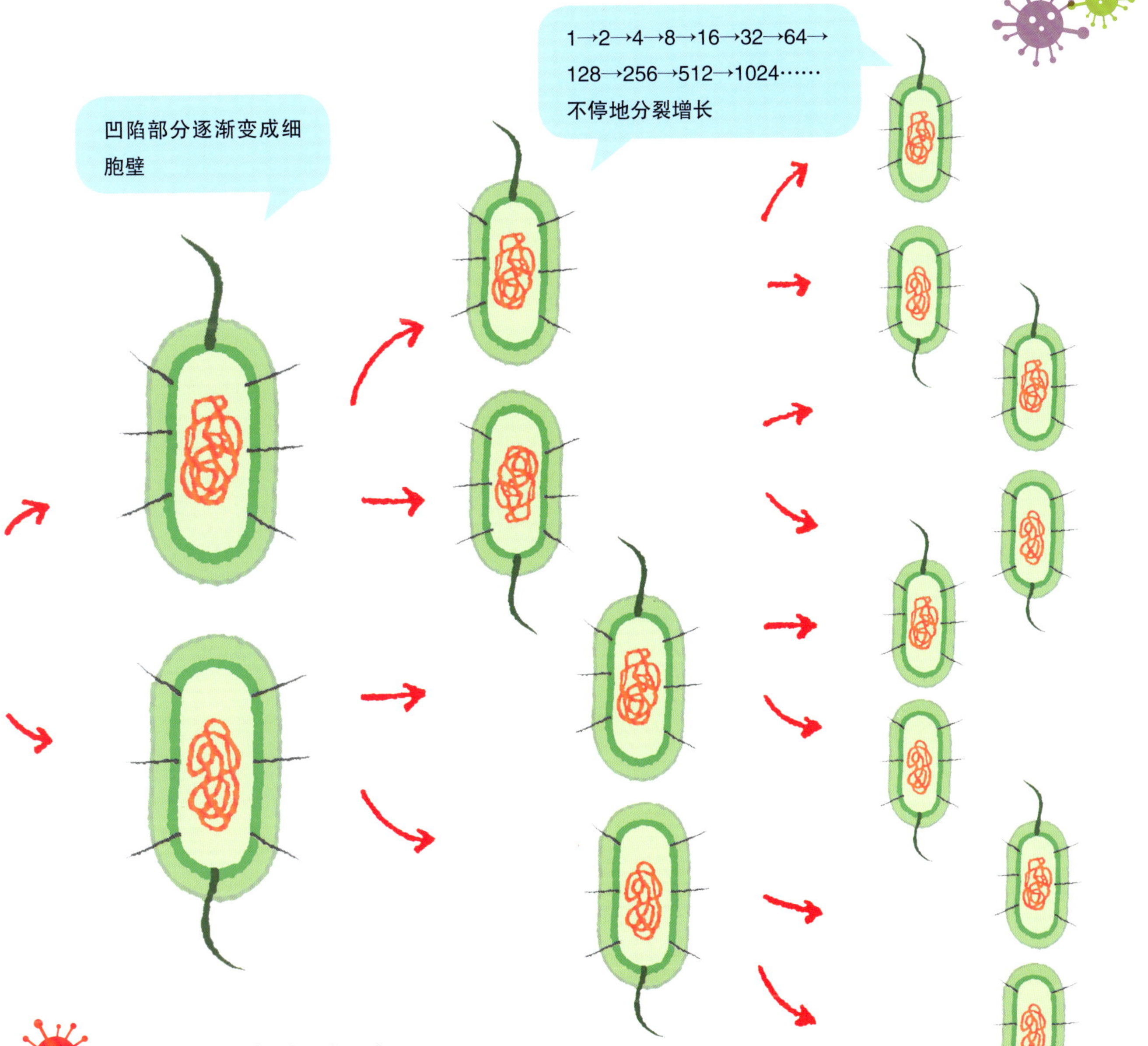

细菌的培育方法

在细菌的实验或研究当中，需要经常对其进行培育增殖。这时把试管或培养皿之类的实验器具设置为适宜细菌生长的环境，以更好地开展培育工作。我们称人工制造的细菌增长环境为培养基。为了更好地培育、观察细菌，培养基中使用了由海藻制成的琼胶。细菌数量达到1亿个以上时，团聚的细菌可达到肉眼观察到的大小。这个团聚的群体我们称之为群落。

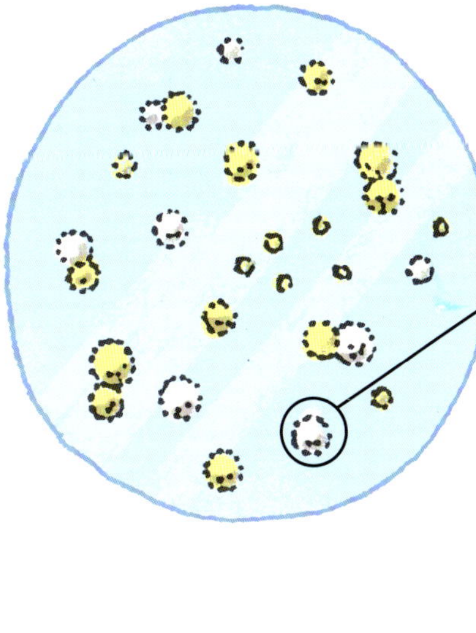

在琼胶培养基中的细菌群落，已经长到肉眼可以观测到的大小。

益生菌与致病菌

对人体有益的细菌称为益生菌。相对地，对人体有害的细菌则称为致病菌。

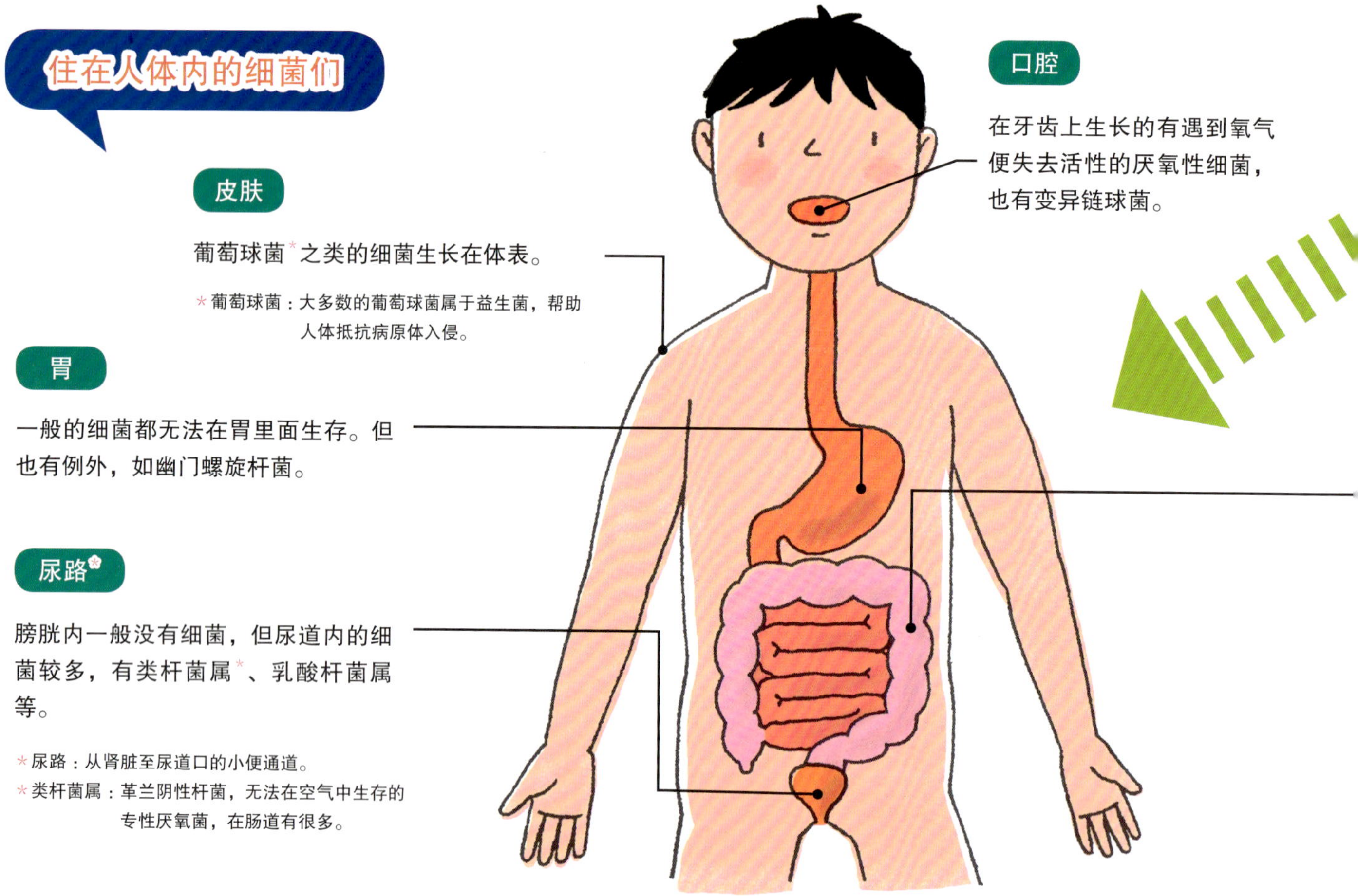

守护人体的100兆益生菌

人体表面和内部有众多细菌定居，总数可能超过100兆个。

这些细菌虽然也有作恶的时候，但能帮助人体抵御入侵的病原体，这种细菌我们称之为益生菌。特别是在肠道的益生菌，不仅能预防传染病，还能生成人体必要的物质，帮助肠道的消化吸收机能运作，是人类必不可缺的伙伴。

相反，从人体外入侵的细菌，我们称之为致病菌。致病菌进入人体后便会引起传染病或产生毒素，它们通过各种途径千方百计地侵入人的身体。

致病菌的入侵途径

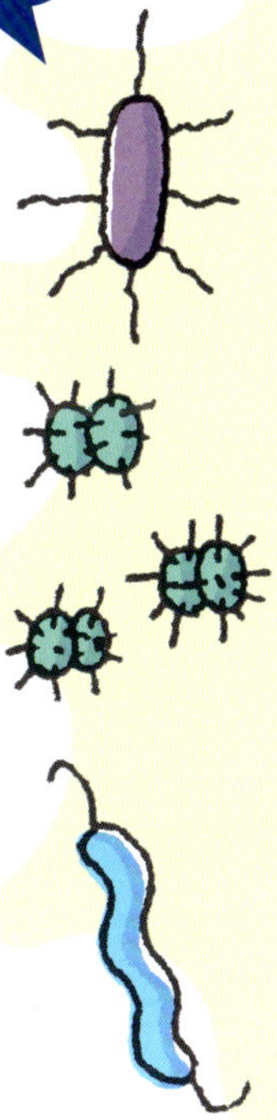

经口传播

经由食物或水等从口腔入侵。

经飞沫传播

通过打喷嚏或咳嗽传播。

经接触传播

通过精液、血液或唾液等体液交换，注射器之类的医疗器具或人直接接触的东西等途径传播。

动物媒介传播

通过被虱子、跳蚤咬伤，或老鼠、猫传播。

母婴传播

通过胎盘、婴儿出生时通过的产道或母乳喂养等方式传播。

肠

大肠杆菌、肠球菌*、葡萄球菌、韦氏梭状芽孢杆菌、双歧杆菌类杆菌属等厌氧性细菌大量生长于此。1克(g)粪便里面就有100亿个以上的细菌。

*肠球菌：革兰阳性球菌。繁殖不需要氧气，但也可以利用氧气，属于兼性厌氧菌。

发酵和腐败

发酵是制作酒、纳豆、味噌、酱油、酸奶等食品时利用细菌引起的变化过程。通过发酵制成的食物称为发酵食品。比如说乳酸杆菌或纳豆杆菌，它们分解原料的糖分和碳水化合物*，生成乳酸或者酒精，这是益生菌对人是有益的。

食物发臭腐败时，细菌将食品的蛋白质*分解，放出恶臭的氨气*等，生成对人体有害的物质，这说明致病菌对人无用甚至是有害的。

*碳水化合物：糖类，三大营养素之一。
*蛋白质：骨和内脏的重要组成部分，三大营养素之一。
*氨气：无色气体，有强烈的臭味。

发酵

腐败

对人有益的细菌们

细菌可以净化我们日常生活中产生的污水。

污水处理厂的构造

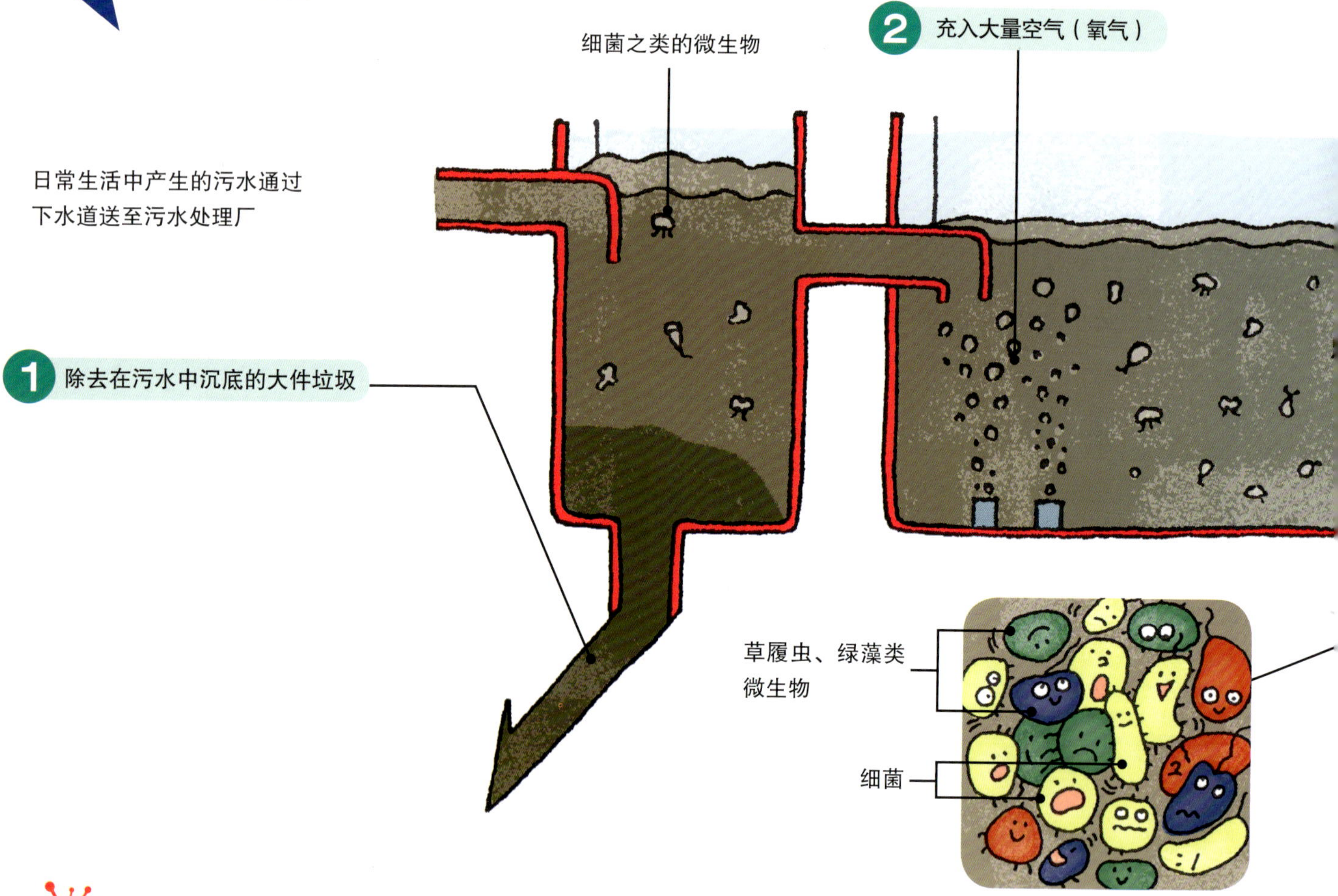

细菌可以净化环境

污水净化的过程中，草履虫*、绿藻类*等发挥了重大作用。人们也尝试利用细菌或微生物把受到有害物质污染的自然环境还原。这些细菌或微生物有些可以分解污染土壤的重油和农药，有些可以净化被污染的空气，还有些能吸收放射性物质*。

*草履虫：生长在沼泽、水田中，草履形状的微生物。
*绿藻类：新月藻、水绵之类的绿色藻类。
*放射性物质：铀、钚等，可以用于核发电。

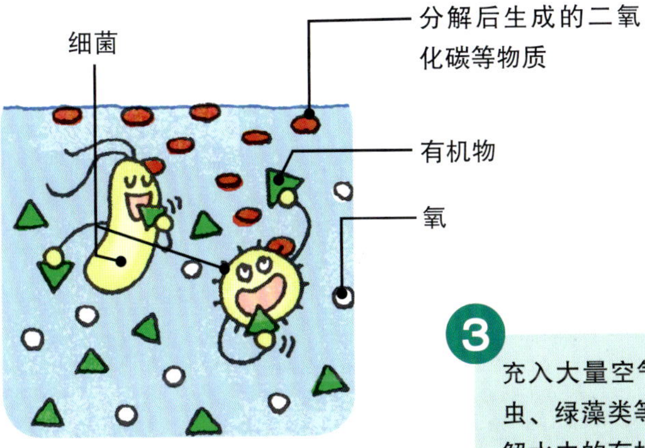

3 充入大量空气（氧气）后，好氧性细菌*、草履虫、绿藻类等微生物会增加。这些微生物可以分解水中的有机物*，释放出二氧化碳等。

* 好氧性细菌：需要氧气进行繁殖。

* 有机物：生物产生的含有碳元素的物质。

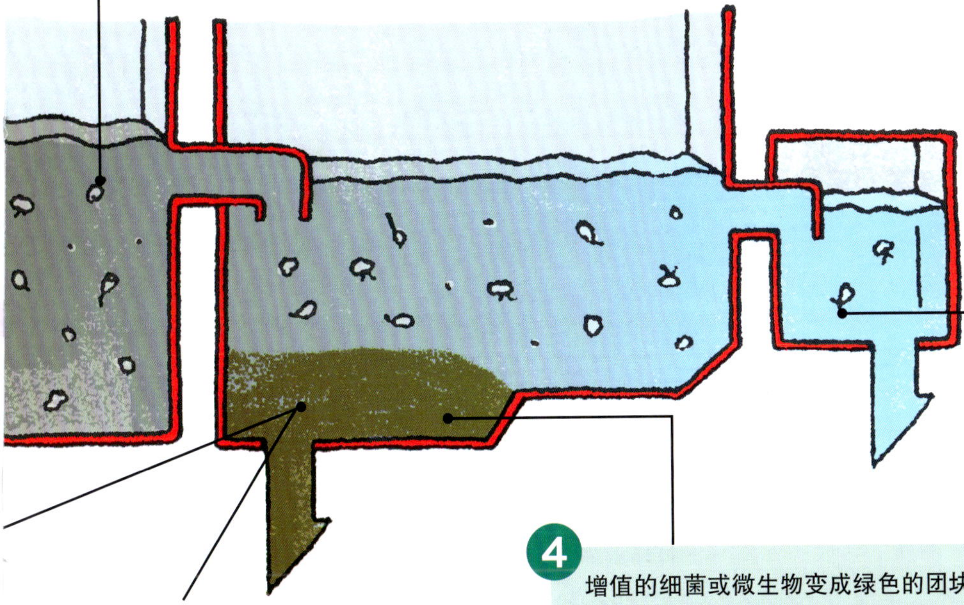

5 杀灭有害于人体或环境的细菌，把处理后的水放入河流。

4 增值的细菌或微生物变成绿色的团块，与水分脱离后沉底，这些团块叫活性污泥。此时，水中残留的有害的氮元素、磷被分解。

活性污泥

由细菌之类的微生物团聚成的“活”泥，可用作肥料。

细菌机能的活用

人们正在尝试利用嗜热的甲烷菌*之类的古细菌分解污水处理厂净化污水时产生的活性污泥，以作为能源利用。

除此之外，我们身边常见的物品如饮料、化妆品、药品、衣物清洁剂等的生产制作，都利用了细菌。

* 甲烷菌：能产生沼气（无色无味气体）的古细菌的总称。

导致食物中毒的细菌

食物中毒分为“感染型”*和“毒素型”*

导致“感染型”食物中毒的主要细菌种类

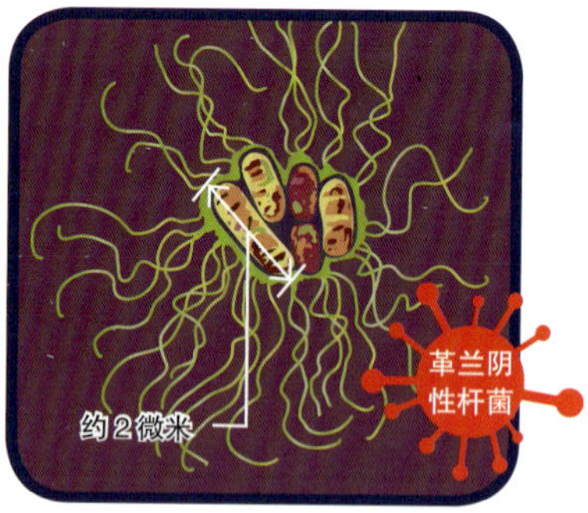

沙门氏菌属

传播途径 经口传播。

疫　苗 无

症　状 潜伏期约20小时，发病时出现发热、腹泻、呕吐等症状。

沙门氏菌主要分为引起伤寒症的伤寒杆菌和引起“感染型”食物中毒的食物中毒型沙门氏菌两种。后者通常会感染食用了被细菌污染的鸡蛋的人。

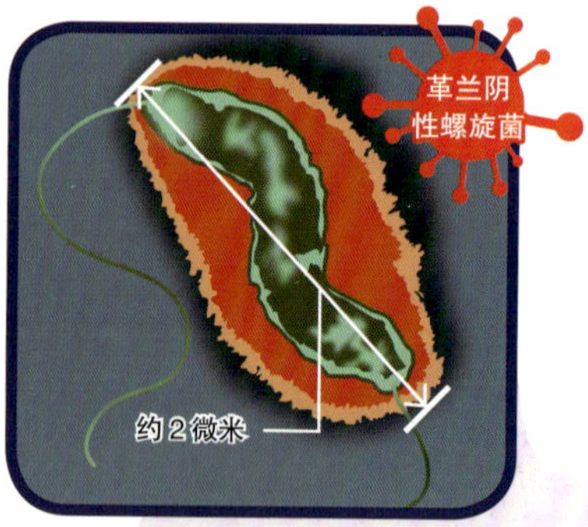

弯曲菌属

传播途径 经口传播、接触传播。

疫　苗 无

症　状 潜伏期稍长，约2~7日，发病时引起发热、腹泻、肌肉痛、关节痛等症状。

主要是经生的鸡肉、牛肉、猪肉等肉类传播。家中的小朋友也有可能通过接触宠物狗或猫而感染。

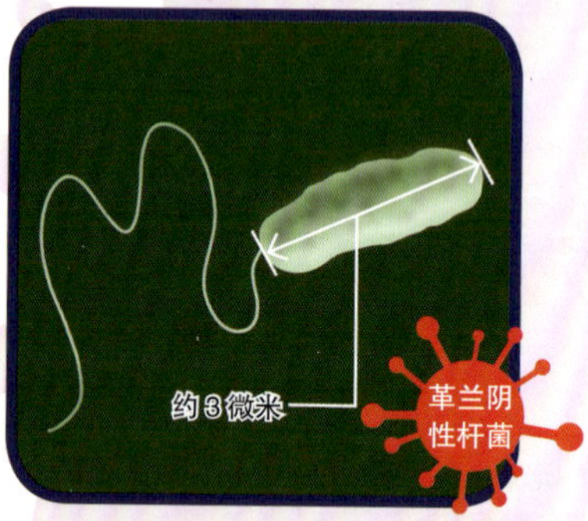

肠炎弧菌

传播途径 经口传播。

疫　苗 无

症　状 潜伏期约20小时，发病时引起发热、腹泻、呕吐、腹痛等症状。

肠炎弧菌是生存在海水里的细菌。生吃被此细菌污染的鱼或贝类都会受到感染。在20世纪90年代之前的日本，与沙门氏菌并列为导致“感染型”食物中毒最多的细菌。

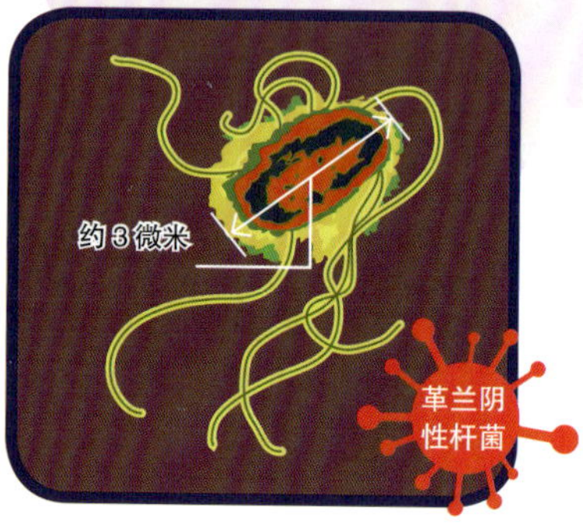

病原大肠杆菌

传播途径 经口传播、接触传播。

疫　苗 无

症　状 潜伏期约10~24小时，发病时引起发热、腹泻、呕吐以及腹痛等症状。

大肠杆菌的种类繁多，在健康人的大肠或泥土、水、大气中存在。大部分的大肠杆菌对人无害，感染后引起腹泻的叫病原大肠杆菌。肠出血性大肠杆菌O157：H7也是病原大肠杆菌的一种。

* 感染型：食用被细菌污染的食物后，体内的细菌增加而使得身体出现不适。

* 毒素型：分为在食物中生成毒素和在人体中生成毒素两种情况。

引起毒素型食物中毒的主要细菌种类

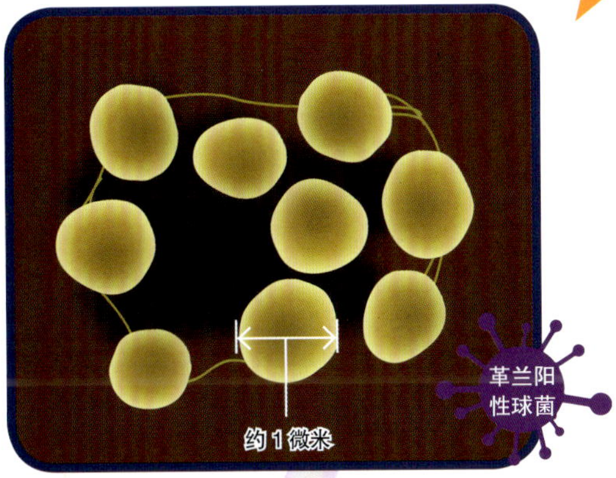

金黄色葡萄球菌

传播途径 经口传播、接触传播。

疫　　苗 无

症　　状 潜伏期约1~5小时，发病时引起呕吐。

该细菌因聚集在一起像葡萄串一样而得名。它在食物中数量增多时会产生毒素，食用之后会出现食物中毒。通过像饭团、丸子等经常用手接触的食物传染的情况较多。

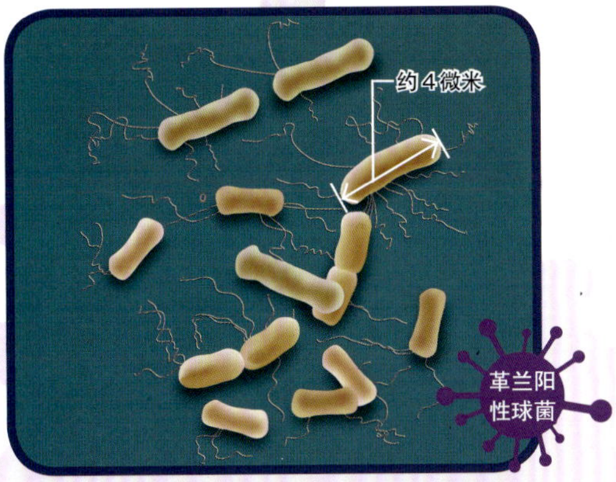

蜡样芽孢杆菌

传播途径 经口传播。

疫　　苗 无

症　　状 腹泻型：潜伏期8~16小时，发病时引起腹泻。
呕吐型：潜伏期1~6小时，发病时引起呕吐。

蜡样芽孢杆菌属于土壤细菌的一种，因为生长在泥土、水以及灰尘中，所以会污染农作物。另外，这种细菌会在食物中产生几种毒素，毒素大致分为腹泻型和呕吐型。在日本，食用以米为原料的食品而感染的情况居多。

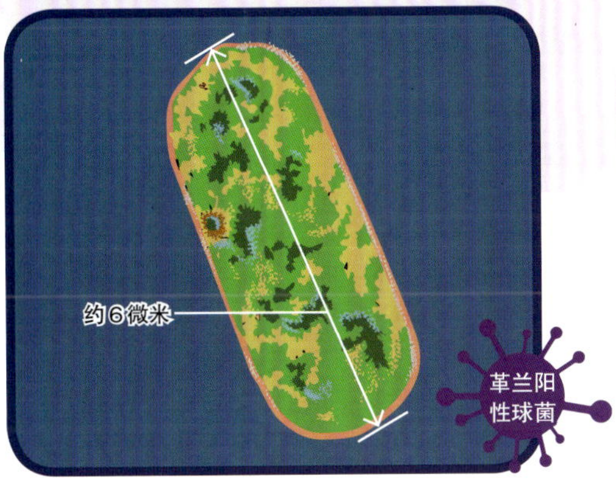

梭状芽孢杆菌

传播途径 经口传播。

疫　　苗 无

症　　状 潜伏期约10小时，发病时引起呕吐、腹泻、腹痛。

它存在于人或动物的肠道、水等地球上所有可能的地方，可以说是臭屁的罪魁祸首。它们耐高温，能在含肉或鱼的煮菜、炖菜或者咖喱里生成毒素，在集体饮食的情况下（如食堂）造成集体中毒。

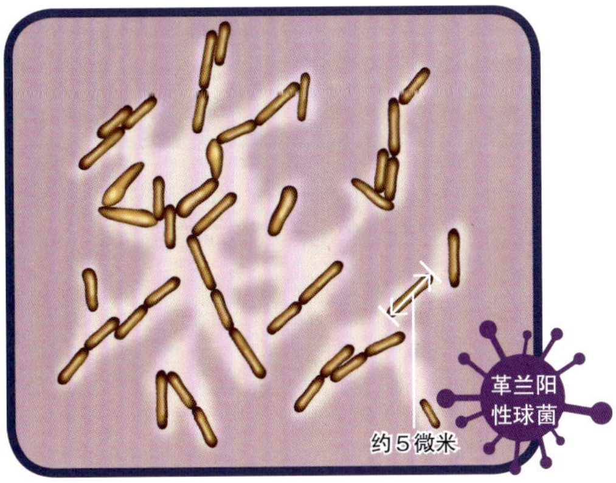

肉毒杆菌

传播途径 经口传播。

疫　　苗 无

症　　状 潜伏期6小时~2日，毒素发作时神经系统会遭到破坏，呼吸困难，可能致死。

这种细菌在无氧环境下增殖，生成有剧毒的肉毒毒素（神经毒），多出现在瓶装或罐装食品当中。

感染呼吸器官的细菌

有些细菌会通过入侵人的呼吸器官引起各种感染。

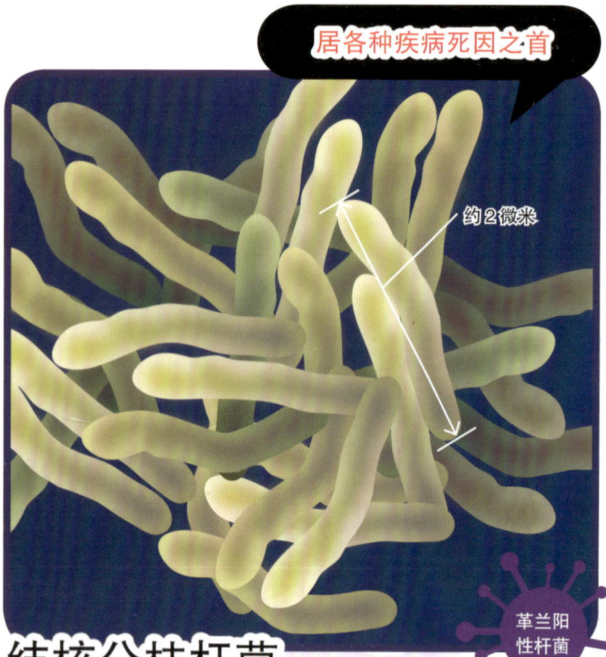

结核分枝杆菌

传播途径 经飞沫传播。

症　　状 潜伏期从数月至数年，发病时出现持续数周的发热或咳嗽，恶化后可导致肺结核*、肠结核*、髓膜炎*等疾病。

疫　　苗 弱毒活疫苗（BCG疫苗*）。

结核分枝杆菌俗称结核杆菌，在1882年被细菌学家罗伯特·科赫发现。目前日本登记的结核杆菌携带者约10万人，每年有3万~5万新增登记人数。携带者多为年长者，其中男性人数是女性的2倍。另外，携带者多出现在西日本地区。每年全球约200万以上的人受到感染，在日本每年超过2000人死于结核杆菌感染。

* 肺结核：感染至肺部，引起咳嗽和血痰。
* 肠结核：引起肠发炎、溃疡。
* 髓膜炎：包覆在脑或脊髓表面的膜出现炎症。
* BCG 疫苗：弱化了牛型结核分枝杆菌毒素而制作出的疫苗。

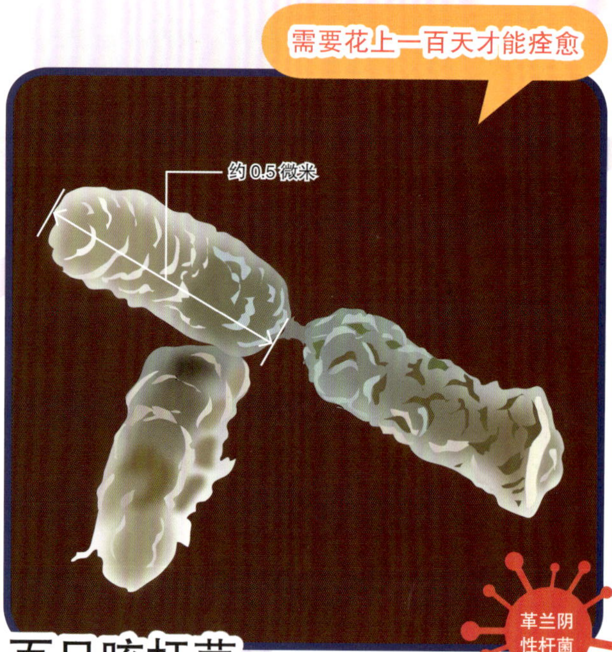

百日咳杆菌

传播途径 经飞沫传播。

症　　状 潜伏期为5~21日，使人在黎明前出现痉挛性咳嗽，吸气时发出笛声一样的声音。

疫　　苗 要素疫苗（百白破疫苗、DPT疫苗）。

百日咳是因其咳嗽症状持续近百天而得名。顾名思义，感染后需要花上约三个月才能痊愈。感染者主要是没有进行疫苗接种的发展中国家的小朋友，近年在日本失去疫苗免疫的成年感染者也在增加。

婴幼儿时期接种的百白破疫苗，对白喉*和百日咳、破伤风这3种病原菌都有效。针对百日咳的疫苗还有要素疫苗。

* 白喉：除了会引起喉咙疼痛、呕吐发热、咳嗽以外，还有脖子肿胀的症状。

革兰阴性多形性菌

曾被当成菌类命错名了

肺炎支原体

传播途径 经飞沫传播、接触传播。

症　状 潜伏期1~3周，引起喉咙疼痛、干咳，伴随着胸痛、中耳炎*症状，并引起39℃以上的高热，严重时可发展为肺炎*。

疫　苗 无

肺炎支原体并没有细胞壁，属于可以穿过细菌过滤器的微小细菌。

支原体肺炎在日本曾经每逢四年一度的奥林匹克运动就会暴发一次，于是也被称为"奥林匹克病"。

* 中耳炎：耳朵内侧的中耳部分出现肿胀疼痛。

* 肺炎：肺部肿胀疼痛、发热咳嗽、呼吸困难。

革兰阴性多形性菌

经浴缸、热水器或温泉也可能会传播

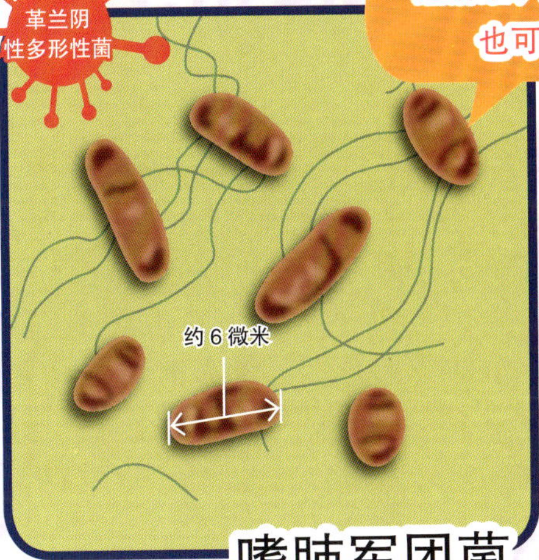

嗜肺军团菌

传播途径 经飞沫传播、空气传播。

症　状 潜伏期2~10日，发病时出现高热、咳嗽、头痛、肌肉痛等症状，久病可发展为肺炎。严重恶化时会因器官衰竭*致死。

疫　苗 无

1976年，在美国费城召开的退伍军人集会上，221人出现肺炎症状，其中34人死亡。原因是参会的人吸入了大楼空调设备飞散出的冷却水里的细菌。该细菌因此事件而被命名为嗜肺军团菌，"军团"意指退伍军人。

* 器官衰竭：体内众多器官失去正常机能。

革兰阴性多形性菌

曾被误解为流感的元凶

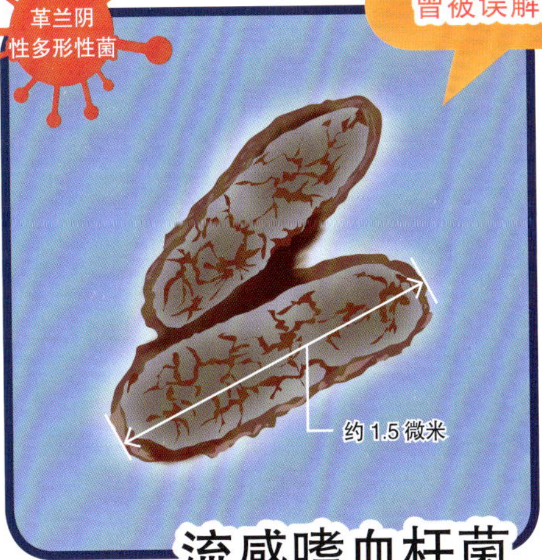

流感嗜血杆菌

传播途径 经飞沫传播、空气传播。

症　状 中耳炎、支气管炎*、肺炎等。

疫　苗 Hib疫苗*。

它在1891年欧洲暴发流感时，被德国细菌学家和北里柴三郎发现，并命名为流感嗜血杆菌。虽然后来发现流感其实是病毒造成的，但还是保留了原来的名字。

* 支气管炎：引起支气管发炎，有咳嗽和咳痰等症状。

* Hib 疫苗：针对流感 B 型菌的灭活疫苗。

通过接触传播的细菌

还有些细菌通过接触或性行为传播。

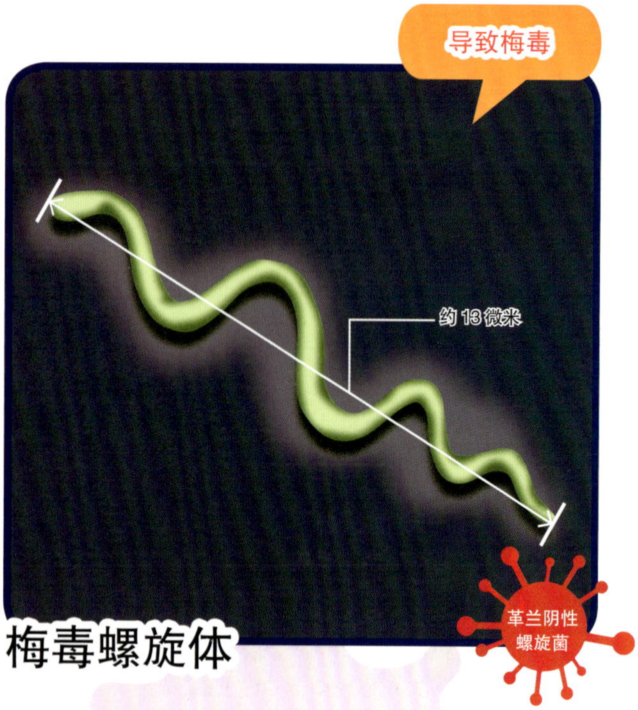

梅毒螺旋体

传播途径 经接触传播、母婴传播。

症　状 潜伏期平均约为21日，早期出现无痛感的肿胀块，3个月后全身的淋巴结开始肿大，出现玫瑰疹*。如果不采取适当治疗，则可能恶化而导致死亡。通过母婴传播感染的婴儿，会患上先天梅毒。

疫　苗 无

感染梅毒螺旋体后身上出现的玫瑰疹与杨梅相似，故而得名。相传15世纪登上美洲大陆的哥伦布一行人把该细菌带回了欧洲，导致其在欧洲暴发。现在，据说全世界每年约有300万~400万人受到感染，而日本每年收到约1000例的感染报告。

*玫瑰疹：像玫瑰花一样的红色的圆形斑疹。

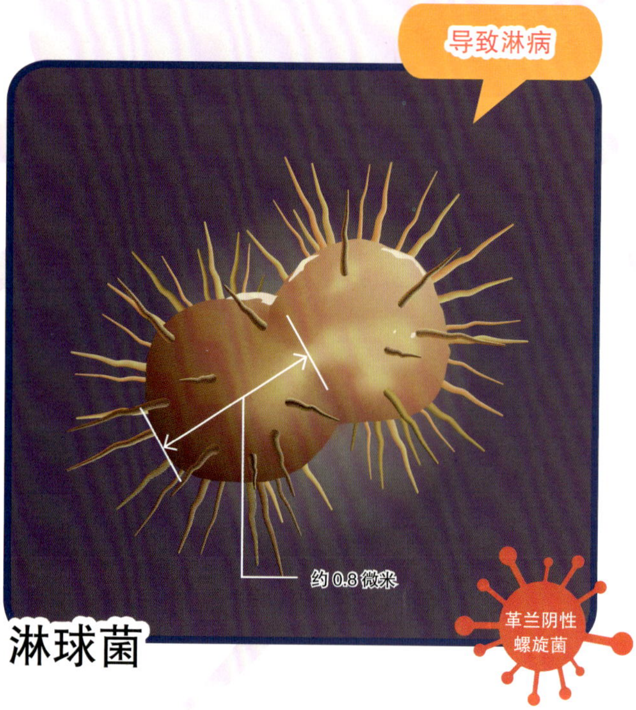

淋球菌

传播途径 经接触传播、母婴传播。

症　状 潜伏期为3日至数周，发病时引起尿道炎*（男性）、子宫颈炎*（女性）。另外，新生儿在出生时通过母亲产道时亦会受到感染，引起新生儿结膜炎*。

疫　苗 无

淋球菌的“淋”是“脓液滴答滴答落下”的意思。在日本，20多岁的男性感染者较多，每年新增约1万个感染者。

梅毒和淋病被称为“性传播疾病”，是通过性行为接触染上的疾病。此外还有沙眼衣原体造成的生殖器官感染。

*尿道炎：小便通道出现炎症。
*子宫颈炎：子宫入口部分出现炎症。
*新生儿结膜炎：新生婴儿的眼睑或眼睛出现炎症。

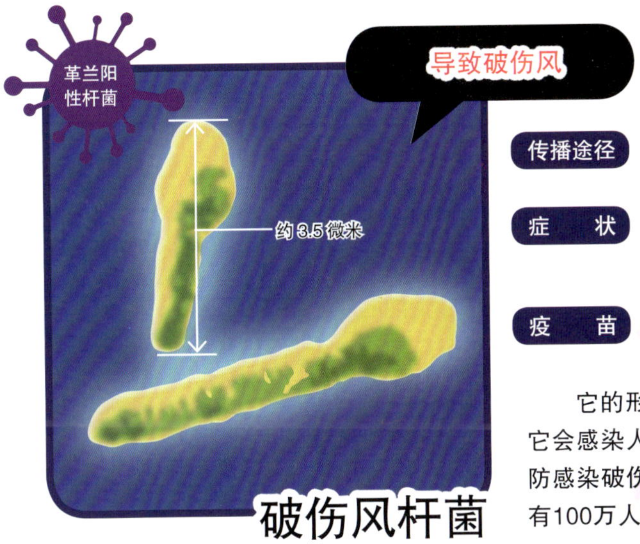

破伤风杆菌

传播途径 经接触传播、创伤传播*、空气传播。

症　状 潜伏期为3~7日，发病时引起痉挛、疼痛以及肌肉收缩。严重时身体像弓形向后弯曲，可能致死。

疫　苗 类毒素疫苗（百白破疫苗、DPT疫苗）。

它的形状如太鼓的鼓槌，经过北里柴三郎研究所研究后而被世人所知。它会感染人或者动物，产生毒素妨碍神经和脑的正常运作。百白破疫苗对预防感染破伤风杆菌十分有效，但在仍未普及疫苗接种的发展中国家，每年约有100万人因感染破伤风杆菌而丧生，其中以新生婴儿为主。

* 创伤传播：细菌通过负伤或手术造成的伤口入侵。

创伤弧菌

传播途径 经口传播、创伤传播。

症　状 潜伏期约2~3日，在健康人身上最多出现腹痛或腹泻，但是免疫力低下的人或患有肝脏疾病的人感染后症状严重，引发坏死性筋膜炎，可能致死。

疫　苗 无

感染后引发坏死性筋膜炎，侵蚀肌肉使其溃烂，所以又称“食人细胞”。平时生长在海水中属于温顺派的细菌为何会这样，我们不得而知。生吃感染了这种细菌的鱼类、贝类或者在海里受伤了都有可能受到感染。

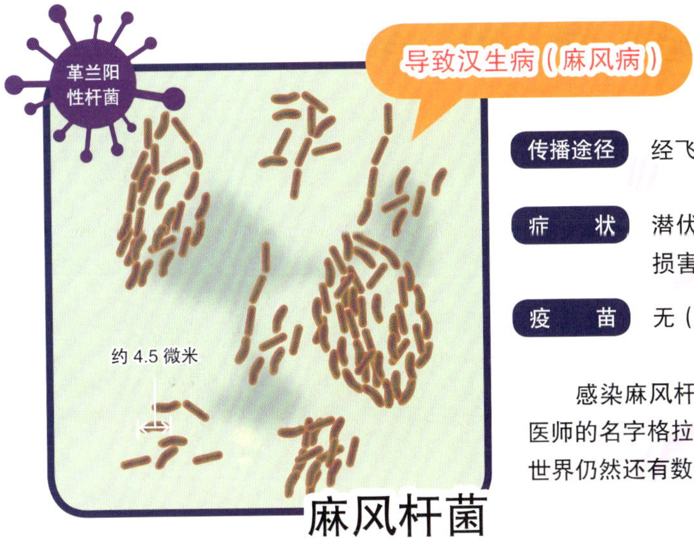

麻风杆菌

传播途径 经飞沫传播、接触传播。

症　状 潜伏期约3~5年，发病时皮肤会出现脓肿疙瘩。严重时神经受到损害，可能失去对四肢的控制。

疫　苗 无（但是可使用BCG疫苗）。

感染麻风杆菌而患上的疾病叫汉生病（麻风病），以发现麻风杆菌的挪威医师的名字格拉德·阿尔玛·汉生命名。尽管目前已能完全治愈麻风病，但全世界仍然还有数十万名麻风病患者。

经昆虫或动物传播的细菌

还有些细菌是通过虱子、跳蚤等昆虫或者动物传播的。

体虱当媒介

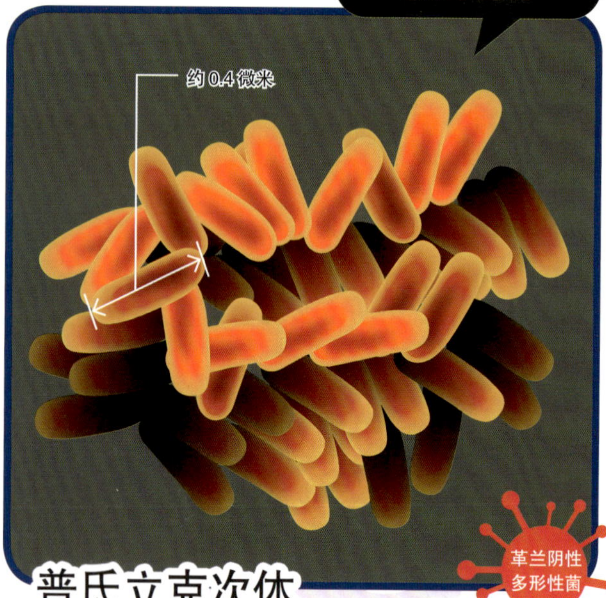

普氏立克次体

传播途径 动物媒介传播。

症　状 潜伏期6~15日，引起突然头痛、发热、出血性皮疹*。进一步可发展成心肌炎*、肾脏功能障碍*、精神错乱*等症状，可能致死。

疫　苗 无

普氏立克次体无法生存在空气或泥土中，和病毒一样只能在宿主的细胞中生长繁殖。

它引起的流行性斑疹伤寒曾夺去众多人的生命，在战争地区或难民营地，还有因自然灾害导致卫生状态恶劣的地区等，以及在寒冷区域或冬季都可能会出现斑疹伤寒的大流行。

* 出血性皮疹：皮肤的炎症，特别是伴有出血症状。
* 心肌炎：心脏肌肉出现炎症、病变。
* 肾脏功能障碍：肾脏的功能减弱或者衰竭。
* 精神错乱：思考和行为混乱的状态。

历史悠久

鼠疫杆菌

传播途径 动物媒介传播，经飞沫传染。

症　状 潜伏期2~5日，引起全身乏力、高热。根据感染途径的不同会产生各种不同症状，无论哪种情况最终都会夺去人的性命。

疫　苗 无

人被吸食过受鼠疫杆菌传染的老鼠血的虱子咬过后便会受到感染。鼠疫是曾经几度在全世界流行暴发的传染病。引起鼠疫坏血症*后，皮肤广泛出血、坏死，死后尸体呈紫黑色，所以又被称为黑死病，相当令人恐惧。日本在1926年以后便不再出现鼠疫的发病案例了。

* 鼠疫坏血症：侵入到血液的细菌蔓延到全身，引起极度恐惧的症状而死去。

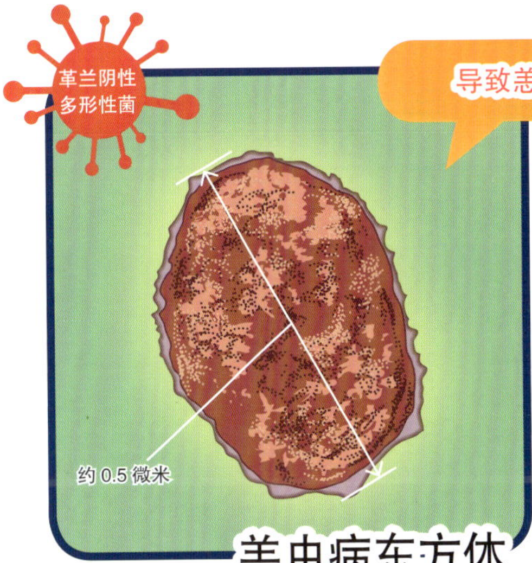

导致恙虫病

恙虫病东方体

传播途径 动物媒介传播。

症　状 潜伏期6~15日，引起发热以及全身皮疹。特征是会留下被恙虫咬过的痕迹。

疫　苗 无

恙虫病东方体，被寄生在野生老鼠身上的恙虫咬到后便会受到感染。恙虫病根据恙虫种类的不同分为“古典型”与“新型”两类。夏季在日本的东北地区经常暴发“古典型”恙虫病。第二次世界大战后，由秋至冬，日本各个地区暴发了“新型”恙虫病。人们之间常用的问候语“别来无恙”中的恙正是恙虫病，可见当时恙虫病的普遍。

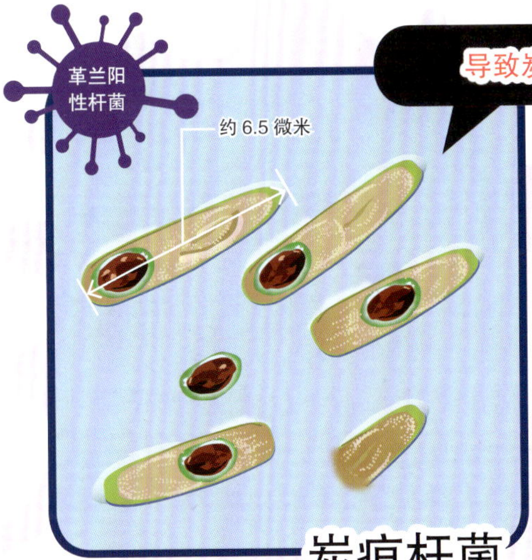

导致炭疽

炭疽杆菌

传播途径 动物媒介传播，经空气和口传播。

症　状 潜伏期1~7日，皮肤炭疽会出现皮疹，脱落后结黑色的痂，高热。通过空气传播引起肺炭疽*，经口传播则引起肠炭疽*。病死率高。

疫　苗 炭疽活疫苗。

1876年，它是最早被认为是动物的炭疽病原体的细菌，被罗伯特·科赫发现。接触受感染的牛或马，病菌便会从人的皮肤伤口入侵。

* 肺炭疽：肺部受到感染时，引起肺炎或呼吸困难。
* 肠炭疽：肠道受到感染时，出现腹痛、呕血、便血等。

导致韦尔氏病

钩端螺旋体

传播途径 动物媒介传播。

症　状 潜伏期3~14日，引起急性发热或全身乏力。

疫　苗 无

钩端螺旋体，以老鼠为宿主。除人以外，还会以狗、牛等动物作为感染对象。症状严重时被称为韦尔氏病，会引起黄疸*、出血、肝脏肾脏功能障碍等症状，可以致死。炭疽病、韦尔氏病、韩瑟勒巴通氏菌引起的“猫抓病*”，都属于“人畜共通传染病”。

* 黄疸：胆汁分泌增加，使得皮肤或黏膜呈黄色。
* 猫抓病：通过被狗或猫抓伤而传染，引起伤口发炎肿胀、发烧。

人体内外的致病菌和益生菌

有些细菌平时可能没什么动静，但会在人虚弱的时候引起某些传染病。
也有些对人体无害的细菌。

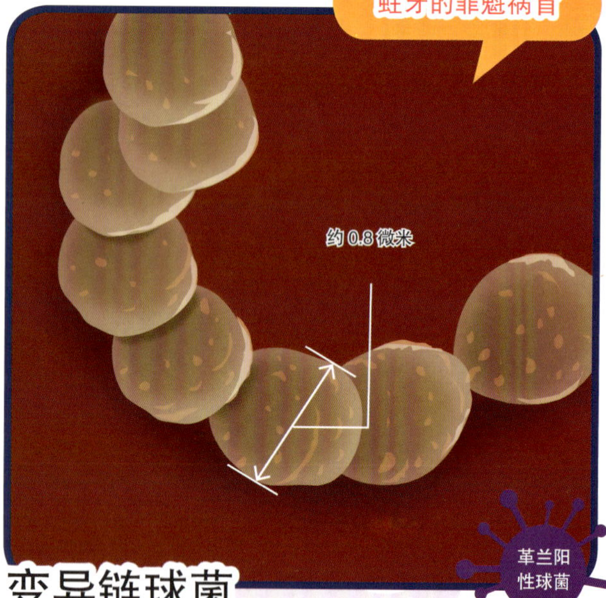

变异链球菌

传播途径 经口传播。

症　状 附着在人的牙齿上形成牙垢*。在牙垢中利用糖分生成酸，使得口腔内呈酸性，侵蚀牙釉质*。

疫　苗 无

虽然变异链球菌是在人口中常见的细菌，但在新生儿的口中是没有的。母亲对婴儿嘴对嘴喂食或使用公用汤匙时，便会通过唾液经口传播。幼齿的牙釉质比较脆弱，所以变异链球菌和糖分生成的酸会溶化钙质，容易出现蛀牙。

* 牙垢：由细菌形成在牙齿表面的黄白色的污垢。
* 牙釉质：在牙齿表面最坚硬的部分。

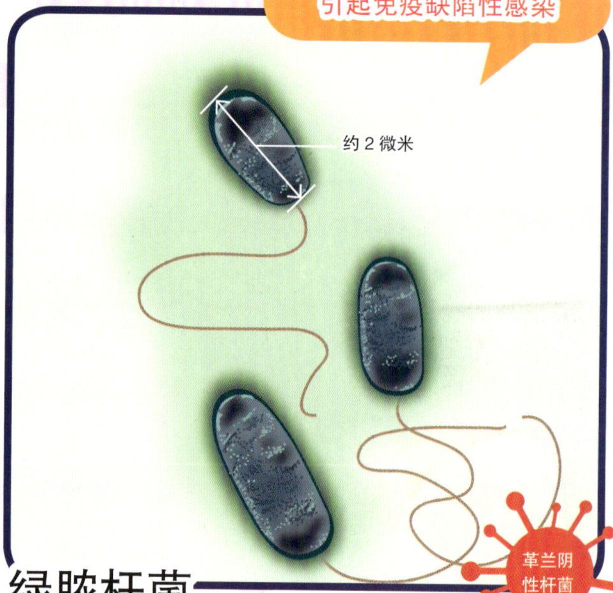

绿脓杆菌

传播途径 经接触传播、创伤传播。

症　状 抵抗力较弱的人会出现眼部或耳朵等的炎症*，或在皮肤上出现化脓性皮疹*。

疫　苗 无

绿脓杆菌一般并不会感染健康人，主要感染抵抗力较弱的人群，是引起“免疫缺陷性感染”的代表菌。虽然毒性较低，但对消毒药或抗生素有高抗性，所以发病后治疗比较困难。在医院里，抵抗力弱的人多，又有消毒药使其他细菌无法存活，很容易出现绿脓杆菌院内传染。

* 炎症：引起肿胀或疼痛。
* 化脓性皮疹：肿胀的皮肤出现化脓的状态。

枯草杆菌

纳豆菌的同类

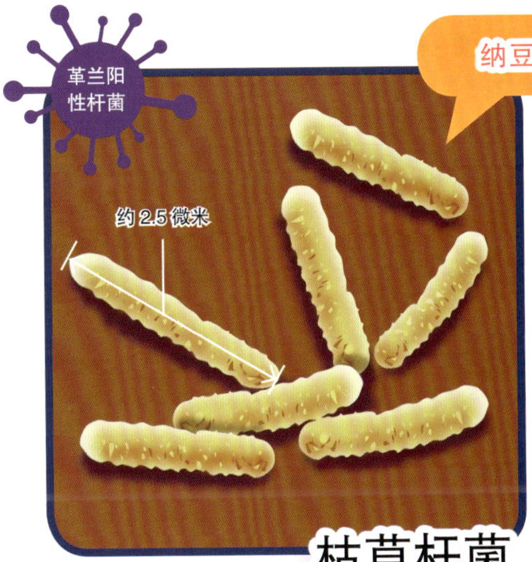

传播途径 经空气传播。

症　状 对一般人没有病原性，极少情况下引起菌血症*、心内膜炎*、呼吸器官传染病*、食物中毒、眼感染*等。

枯草芽孢杆菌是在泥土或空气中常见的细菌，有的生长在枯萎的草的表面，故而得名。它会使物质腐烂，牵带出丝状物质。与它相似的还有纳豆菌。纳豆是用煮沸的稻秆包裹煮熟的大豆而制成的。煮沸可以杀死其他细菌，但高耐热的纳豆菌则存活下来使大豆发酵变成纳豆。

* 菌血症：细菌从伤口等地方侵入血液后的状态。
* 心内膜炎：心脏内膜出现炎症。
* 呼吸器官传染病：影响鼻子、咽喉、气管或肺等呼吸器官功能的传染病。
* 眼感染：眼部受到感染。

乳杆菌

制作酸奶

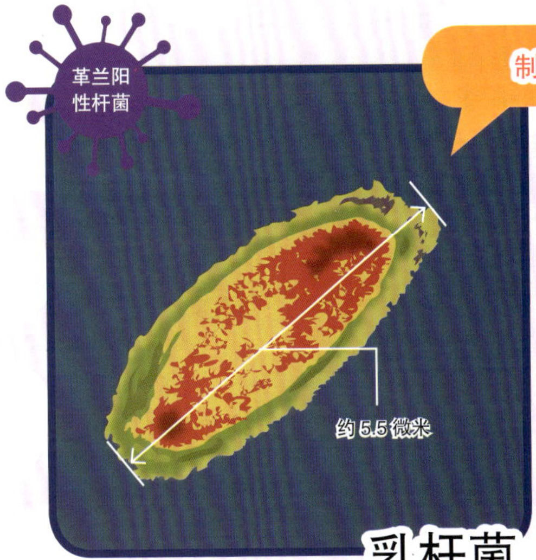

症　状 对人没有病原性。

乳杆菌又被称为乳酸杆菌，与它同类的有酪蛋白乳杆菌、嗜酸乳杆菌、保加利亚乳杆菌等。

乳杆菌并不是特定某细菌的名字，而是能生成乳酸的细菌类的统称。特征是不会制造出引发臭味的物质。它可以使食品发酵，用于制作酸奶、乳酸饮料、腌菜等。在人体内也大量存在，是益生菌的代表。

双歧杆菌

肠内最有益的菌群

症　状 对人没有病原性。

双歧杆菌是肠内最有益的菌群，也是在人体内大量存在的益生菌代表。像乳杆菌和双歧杆菌一样的部分乳酸菌生长在我们的肠道里，帮助其他微生物增长。在喝过母乳的婴儿胃里有许多双歧杆菌，是胃部健康的表现。

3D 红蓝视差图

需使用 3D 红蓝眼镜阅读

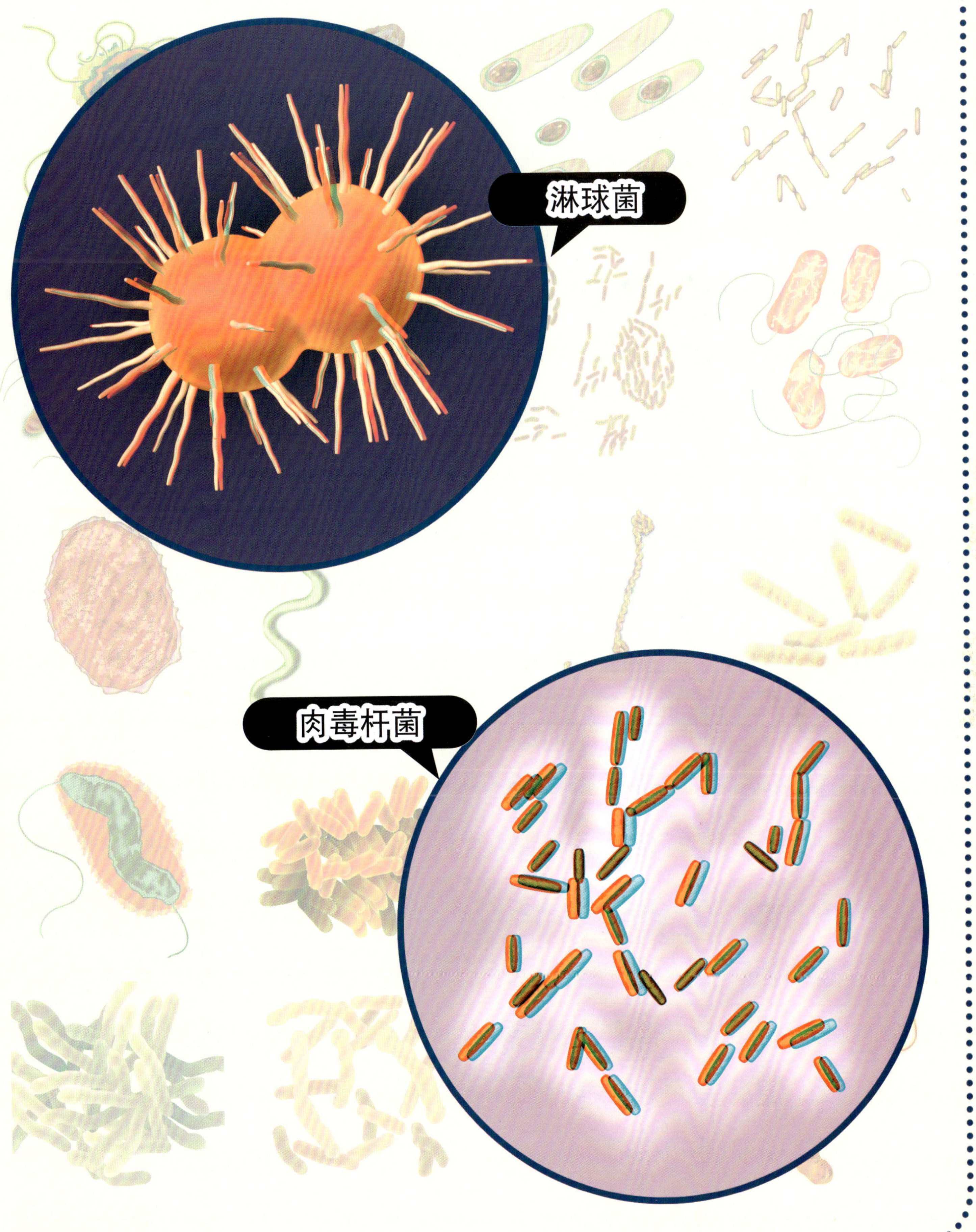
淋球菌
肉毒杆菌

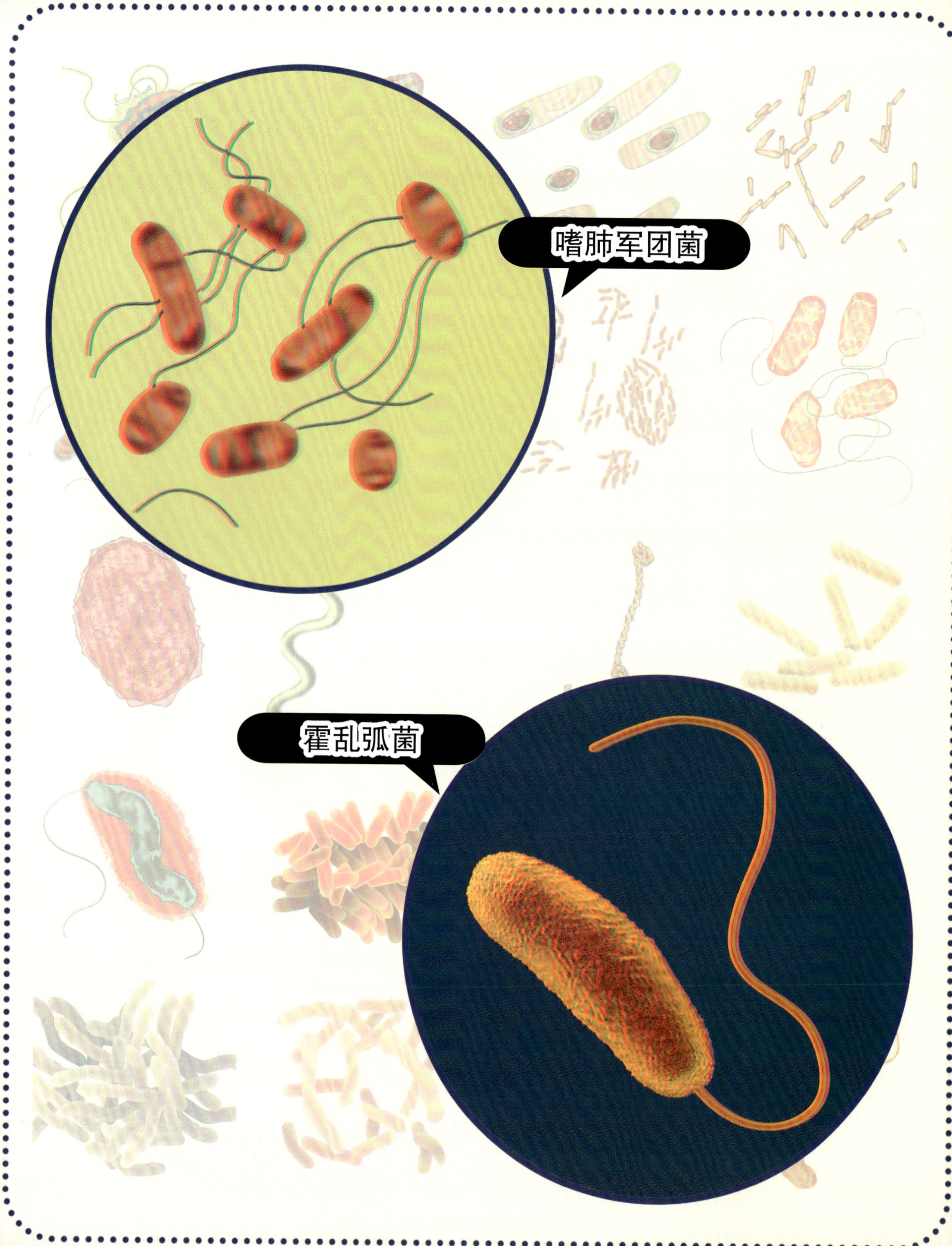
嗜肺军团菌
霍乱弧菌

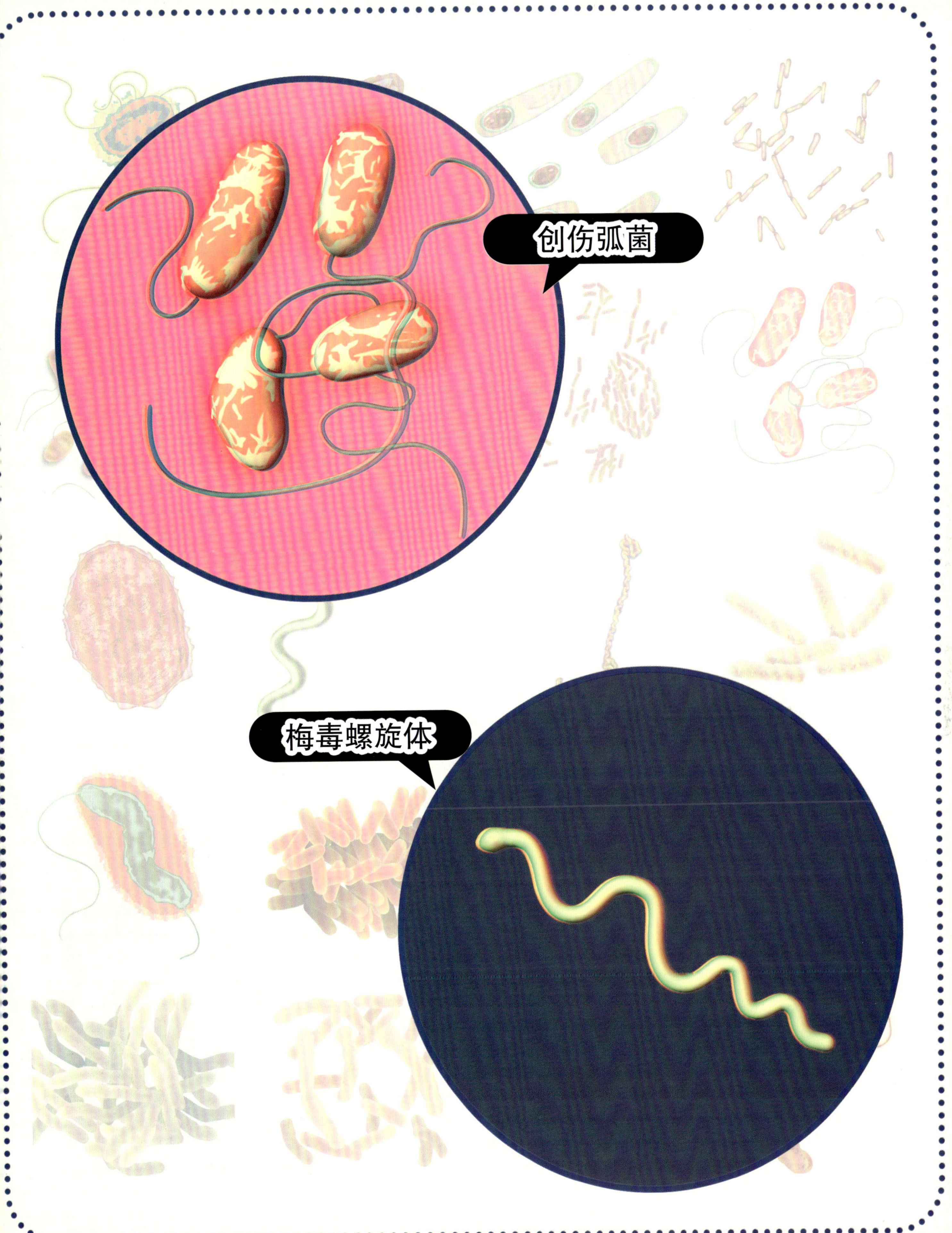
创伤弧菌
梅毒螺旋体

关于细菌的
重大事件

细菌最早在 17 世纪末被发现。而后，从 19 世纪末到 20 世纪初人们发现了许多引起传染病的细菌。

我们在这里介绍有关细菌的发现和细菌引起传染病的一些重大事件。

1347 年，在意大利西西里岛暴发的鼠疫蔓延至整个欧洲大陆，全世界有 8500 万人因此丧生。

1674 年，安东尼·范·列文虎克（1632 年—1723 年）最早通过自制的显微镜发现了微生物的存在。

1812 年，拿破仑一世（1769 年—1821 年）率领的法国军队远征俄罗斯，在莫斯科有众多士兵因感染伤寒斑疹而死。

1853 年—1938 年，汉斯·克里斯蒂安·革兰发明了革兰氏染色法，把细菌分成两大类。

1863 年，正处于南北战争中的美国暴发了痢疾，4 万人因此丧生。

1873 年，阿尔玛·汉生发现了麻风杆菌。

1876 年，罗伯特·科赫（1843 年—1910 年）明确炭疽病的病原体是炭疽杆菌。

1882 年，罗伯特·科赫发现了结核杆菌。

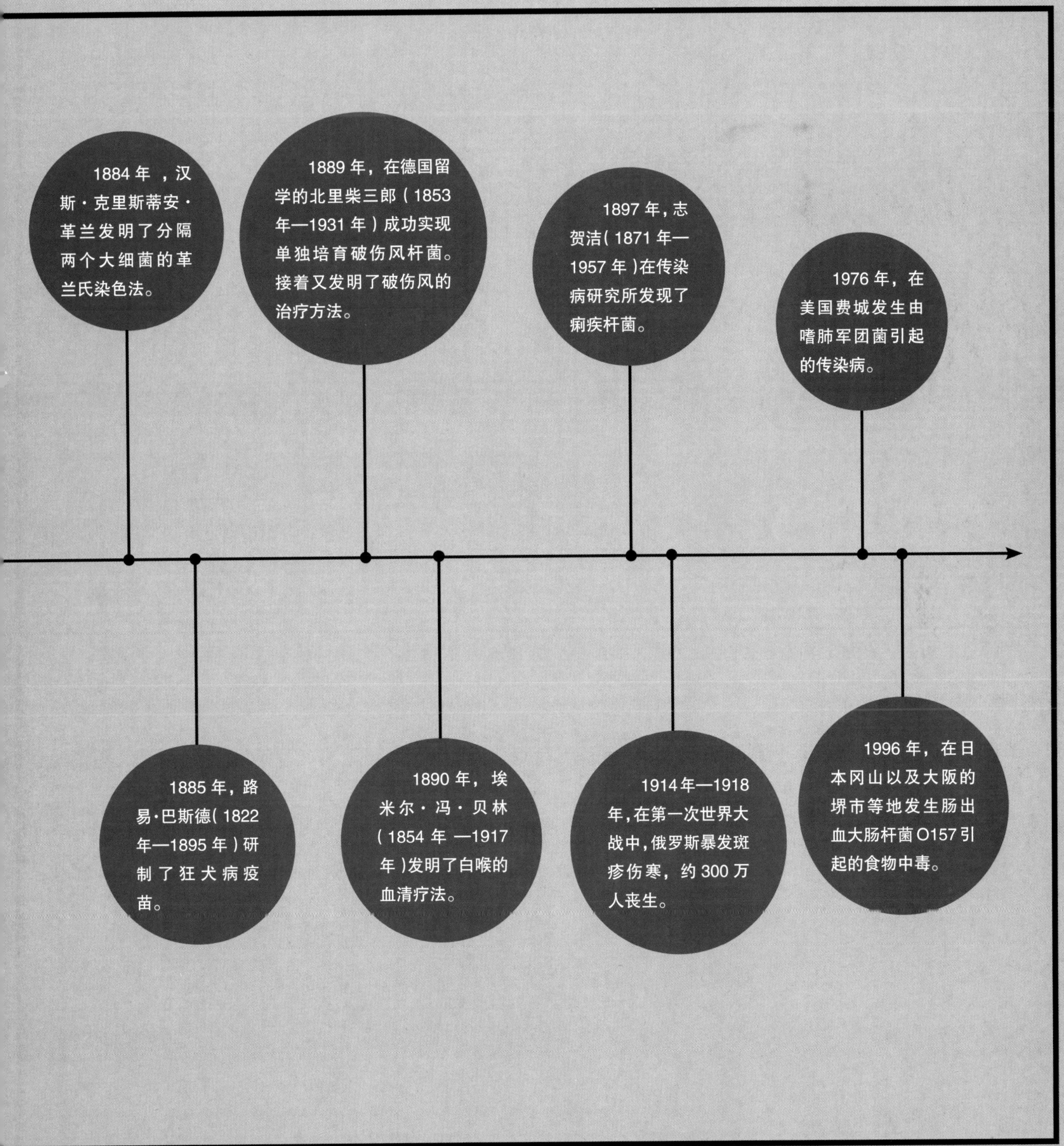

1884 年 ，汉斯·克里斯蒂安·革兰发明了分隔两个大细菌的革兰氏染色法。
1885 年，路易·巴斯德(1822 年—1895 年) 研制了狂犬病疫苗。
1889 年，在德国留学的北里柴三郎 (1853 年—1931 年) 成功实现单独培育破伤风杆菌。接着又发明了破伤风的治疗方法。
1890 年，埃米尔·冯·贝林 (1854 年 —1917 年) 发明了白喉的血清疗法。
1897 年，志贺洁(1871 年—1957 年) 在传染病研究所发现了痢疾杆菌。
1914 年—1918 年，在第一次世界大战中，俄罗斯暴发斑疹伤寒，约 300 万人丧生。
1976 年，在美国费城发生由嗜肺军团菌引起的传染病。
1996 年，在日本冈山以及大阪的堺市等地发生肠出血大肠杆菌 O157 引起的食物中毒。

图书在版编目（CIP）数据

有好有坏的细菌/(日)北元宪利著；雨晴译.
--长春:吉林出版集团股份有限公司，2015.7（2023.5 重印）
（微生物大图鉴）
ISBN 978-7-5534-8321-4

Ⅰ.①有… Ⅱ.①北… ②雨… Ⅲ.①细菌—儿童读物
Ⅳ.①Q939.1-49

中国版本图书馆CIP数据核字(2015)第173083号

著作权合同登记号图字：07-2015-4496号

有好有坏的细菌
YOU HAO YOU HUAI DE XIJUN

著　者/[日]北元宪利
译　者/雨　晴
外　审/张亚琴

出 版 人/吴　强
策　　划/刘士琳
责任编辑/马　刚
责任校对/宋倪玮
封面设计/龙媒设计
开　本/787 mm × 1092 mm　1/16
字　数/50千字
印　张/3
版　次/2015年8月第1版
印　次/2023年5月第2次印刷

出　版/吉林出版集团股份有限公司（长春市人民大街4646号）
发　行/吉林音像出版社有限责任公司
地　址/吉林省长春市南关区福祉大路5788号
电　话/0431-81629667
印　刷/固安兰星球彩色印刷有限公司

ISBN 978-7-5534-8321-4　**定价**/28.00元